超联

U0396911

HYPERLIFE CITY

生活圈规划
景观新模式

马迪菲　余淼 / 著

广西师范大学出版社
·桂林·

图书在版编目（CIP）数据

超联城市：生活圈规划景观新模式／马迪菲，余淼
著 . —— 桂林：广西师范大学出版社，2024.9.
ISBN 978-7-5598-7161-9

Ⅰ．TU984

中国国家版本馆 CIP 数据核字第 2024AU8645 号

超联城市：生活圈规划景观新模式

CHAOLIAN CHENGSHI: SHENGHUOQUAN GUIHUA JINGGUAN XINMOSHI

出 品 人：刘广汉

责任编辑：冯晓旭

装帧设计：马韵蕾

广西师范大学出版社出版发行

（广西桂林市五里店路 9 号　　　邮政编码：541004
网址：http://www.bbtpress.com ）

出版人：黄轩庄

全国新华书店经销

销售热线：021-65200318　021-31260822-898

凸版艺彩（东莞）印刷有限公司印刷

（东莞市望牛墩镇朱平沙科技三路　邮政编码：523000）

开本：787 mm×1 092 mm　　　1/16

印张：24.25　　　　　　字数：260 千

2024 年 9 月第 1 版　　　2024 年 9 月第 1 次印刷

定价：168.00 元

如发现印装质量问题，影响阅读，请与出版社发行部门联系调换。

前 言

  如何规划一座城市，让其更高效地运转，更好地帮助城市中的居民过上理想的生活，是一个古老且又不断演变的命题。在当代城市实践中，这一命题除了需要应用传统的城市规划学、工程学、生态学等技术科学和自然科学，也越来越多地应用到心理学、历史学、经济学、社会学等诸多社会科学。这种多学科的交叉融汇，使其可以灵活地应对当下及未来城市演变带来的新需求，也让人们有了更多从不同视角来思考和改进这一命题方向的机会。从事社区规划工作以来，我们以景观规划师的身份参与了多项社区生活圈景观规划实践。在实践的过程中，逐渐发现在新的时代，人们产生了新的普遍性需求，因而传统的规划方法有了局限性。这一问题在社区规划中显得尤为突出。传统的城市规划通常局限于技术性视角，即直接从土地使用分区、道路剖面、城市设施的功能服务半径等技术性要素出发，导致社区空间缺乏对居民日常生活和体验的关怀，无法真正与居民的生活需求接轨，也导致城市空间被碎片化处理，城市资源得不到充分利用。

  这些在实践中获得的启发，让我们愈加感受到在当下及未来的社区发展中，整体统筹城市公共空间，以使用者需求为基础进行景观规划对于生活圈建设的重要性。这些工作内容急需我们以更完善的视角进行生活圈城市公共空间规划。基于这一使命，自 2017 年起，我们结合多年实践经验，整理各类理论，在实践中尝试突破传统规划方法中的局限性，逐步形成了一套从景观规划视角出发的生活圈建设的理论体系与实践方法。本书将其概括为超联城市理论，希望能够抛砖引玉，引发对生活圈规划新的可能性的探讨，吸引更多的城市实践者积极地参与生活圈的创新实践。

CONTENTS | **目 录**

总论　　　　　　　　　　　　　　　　　　　　　　　　　　**1**

第一部分
超联城市理论概述

1 构建超联城市——在日常之间创造丰富生活 —— 10

1.1 超联城市的由来　　　　　　　　　　　　　　12
1.2 超联城市理论的核心理念　　　　　　　　　　18
1.3 超联城市理论的研究范围　　　　　　　　　　19

2 超联城市理论引导下的生活圈构成三要素 —— 26

2.1 人　　　　　　　　　　　　　　　　　　　　29
2.2 目的地　　　　　　　　　　　　　　　　　　31
2.3 联系动线　　　　　　　　　　　　　　　　　33

3 超联城市理论的空间载体——城市界面空间 —— 36

3.1 城市公共空间 VS. 城市界面空间　　　　　　38
3.2 城市界面空间的超联特征　　　　　　　　　　42
3.3 显微镜下的城市界面空间　　　　　　　　　　46
3.4 界面元素生活日志　　　　　　　　　　　　　53

4 超联城市理论的规划实践——生活圈规划景观新模式 62

4.1 以超联理想为基础形成的实践方法论——
　　生活圈规划景观新模式　　　　　　　　　　64
4.2 生活圈新模式的思维逻辑体系——超联城市理念导图　65
4.3 生活场景——以时空感知为基础的主题化超联框架　70

4.4 体验片段——以事件感知为基础的用户化超联组合　　77

4.5 生活时刻——以环境感知为基础的功能化超联模块　　82

4.6 生活圈新模式的项目实践流程——超联城市实践导图　　84

5 超联城市理论的价值瞻望 ———————— 94

5.1 社区理论提升与实践　　96

5.2 以灵活有机的新模式推进改旧融新　　98

5.3 重构公共与私密的边界　　101

5.4 超联共建更平等、贴心的城市　　104

5.5 以地域性元素为未来城市增色　　110

5.6 以生活圈为城市生态体系的基础单元　　113

5.7 滑动线下生活的滚轴　　117

结语　　124

词汇表　　125

第二部分
生活圈规划景观新模式运用参考手册

6 生活场景系统手册 ———————— 136

主题1　健康场景　　147

主题2　形象场景　　155

主题3　生态场景　　163

主题4　商业场景　　171

主题5　教育场景　　179

主题6　社群场景　　187

7 **生活时刻模块手册** ———————————— **194**

H1　青年运动口袋公园　　　　　　　201

H2　社区康养街道　　　　　　　　　211

H3　老年休闲口袋公园　　　　　　　219

H4　宠物口袋公园　　　　　　　　　229

H5　城市全龄跑道　　　　　　　　　237

H6　非机动车停靠点　　　　　　　　243

I1　门户广场　　　　　　　　　　　247

I2　城市绿带公园　　　　　　　　　253

I3　防护绿带公园　　　　　　　　　257

E1　花园式院墙　　　　　　　　　　261

E2　生态景观口袋公园　　　　　　　267

E3　社区生态步道　　　　　　　　　277

E4/E5 雨水花园 / 生态草沟　　　　　283

C1　邻里集市广场 / 草坪　　　　　　291

C2　社区商业廊道　　　　　　　　　299

C3　屋顶花园　　　　　　　　　　　307

S1　儿童口袋公园　　　　　　　　　317

S2　学区入口广场　　　　　　　　　327

S3　落客点　　　　　　　　　　　　335

S4　安全上学路口　　　　　　　　　341

N1　邻里公约墙　　　　　　　　　　347

N2　社区文化墙　　　　　　　　　　353

N3　住区入口广场　　　　　　　　　359

N4　休闲活动广场　　　　　　　　　365

生活时刻模块设计总则　　　　　　**373**

总 论

　　本书提出的超联城市概念，是对常规生活圈理论与新城市主义理论的结合与升华，其初衷是希望在现有宏观城市肌理的基础之上，整合城市资源，联系新旧城市区域，创建系统化城市空间，进而塑造人与城市、人与人、人与自然之间的和谐共生。超联城市倡导一种新的生活圈规划模式：通过对人本主义的深入挖掘与对城市中联系空间的界限重构这两大角度，以景观规划为切入点来构建体系化的生活圈，因此称为生活圈规划景观新模式（以下简称生活圈新模式）。

　　其中，对人本主义的深入挖掘意味着强调从人出发，回应人们当下的日常生活需求，关注人性化细节。联系空间的界限重构则是以城市公共空间为着重点，将城市界面统筹搭建为可体验的连续空间，以此在城市公共空间中实现完整、丰富、流畅的体验感。这一生活圈新模式，是对理想都市生活空间的探索与论述，同时也是传统城市社区规划模式、生活圈模式的一次进阶，其最终目标是为城市居民带来一种新的超联生活（Hyperlife）状态：促进现代城市人与人之间的联系，减少人与城市之间的阻隔，唤醒人与自然之间的深层共鸣。在实践中，这种生活圈新模式需要生活圈规划师（设计师）与居民、市政部门等参与者多方协作和沟通才能完成。这是一项融合了规划专业技术、策划专业知识、沟通协调技能的多元复合工作，对生活圈规划师的专业素养提出了综合性要求。本书将以图文并茂的形式阐明超联城市的理论体系，同时搭配运用参考手册，展现其灵活的实现途径，期待给规划师（设计师）、城市建设方，以及大众在城市、社区、生活方面带来全新的观察、发现、思索、启迪与互动。

读者群体

- **规划师（设计师）**

在传统的城市规划模式下，规划师的工作切入点常常是鸟瞰视角的空间策划、城市形象的树立、城市分区划分等技术性维度。而超联城市理论的切入点在于"日常之间"，这不仅是出于对少有的以日常生活为出发点的城市规划的特别关注，也是出于对长久以来自上而下的常规规划方式的一次反向思考与重新想象，即尝试脱离从控制性规划到分地块建设这一宏观逻辑，从城市中生活的人的角度出发，去理解城市居民的生活本身，以及他们多元的生活形态，更好地实现服务城市、创造生活、关怀市民的未来城市目标。城市居民作为城市的最终受益者和使用者，是城市的生命力和灵魂，也是规划师（设计师）的最终服务对象。社区居民的各类日常行为模式和生活方式，如出行、购物、社交、娱乐，以及这些行为背后所蕴含的当代生活背景下城市居民的普遍需求、生活习惯和精神文化都是本书关注的对象。因此，本书提出了一系列在生活圈规划中可以运用的思维方式，以及实践中可参考的空间体系与实践导则，以引导规划师（设计师）在实践中基于对日常生活的洞察、记录、编辑、演绎等得出的结论来构建生活圈，应对问题与挑战未来。希望本书可以帮助规划师（设计师）在项目中得到不同的启发，这些启发包括但不限于：以书中的创新规划方法为起点，进一步探索生活圈的未来实践，以景观规划的手段帮助人们实现创新的生活方式；掌握生活圈品质建设的参考依据，以运用参考手册中关于生活形态的总结与罗列为比较对象，评估现有城市公共空间的连续体验感、功能完善程度，进而寻找提升城市社区的突破口；以书中的可视化内容为基础，构建生活圈的沟通平台，促进与合作方、居民达成共识。这些启发将协助规划师（设计师）把对生活的模拟与营造作为技术性工作的理念导向的重要出发点，从而创造出一个充满活力的、创新的、包容的城市公共空间，最终实现未来以人为本的超联城市。

· **城市建设方**

对于城市建设方而言，随着中国进入城市化加速发展时期，以及人民对生活的要求不断提高，城市的继续建设与开发面临着更加复杂的需求。这种需求包括但不限于对未来城市社区可持续发展的强调、对现有城市空间的提升与改善、对旧社区与新社区的整合等。未来常见的城市建设范畴，将包括各种类型的新旧城市公共空间统筹实践，和以完善自身生活服务体系为目标的远郊新城片区开发，等等。本书提出的生活圈新模式，作为一种可灵活运用的城市公共空间规划体系，以居民的福祉、经济的发展、城市的优化为目标，通过引导政府和开发者扩大城市建设中的关注范围、提升协同共建的实践方式，打破传统的以地块为红线的开发理念，将城市规划设计的统筹考虑范围逐步扩大，即从单个地块扩大到对社区、片区设施配套的接驳，以及与周边已有城市的渗透，等等。这种更全面的视角可以协助城市建设中各个层级的参与者尝试创新协作的工作方式，促进实现更为全面且高效的城市建设决策，提升城市资源利用效率，整合城市公共空间，建立区域完整形象。这也将促进城市建设方在这个多元文化时代通过多方协作建设出有区域特色、历史文化氛围、人文风情的城市空间，为居民提供面向未来的优质城市体验及创新的生活模式。

超联城市理论对城市建设方的角色功能及服务时间都进行了延展，未来城市建设参与者应该逐步丰富其"建设方"的角色，同时兼任生活圈"协同方""运营方"的工作。"协同方"的工作将强调其在生活圈实践中的协同激发作用——协同不同居民、城市机构、地块产权的拥有者在生活圈建设的过程中合作互利，以生活圈的共同利益为群体目标，顺利实现跨越传统边界的生活圈超联统筹。"运营方"的工作在于促进完善生活圈的可持续运营，让生活圈得以在服务、经济、维护各个运营方面得到强化，长久地保持超联城市带来的人本关怀、经济活力和空间更新。这一目标将让城市建设方成为更好的城市统筹者，在获得经济收益的同时融合好其社会利他角色。

· 大众

在当今快速的社会生活节奏下，人们的日常出行更多的是以追求效率为主：出门往往是为了快速地到达某个明确的目的地，如去上班、去学校、去超市、去商场、去车站。如此高强度的城市生活需要片刻的喘息，而幸福的发生也往往需要一个放慢脚步的机会。也就是说，要创造幸福的城市生活，就要让人们在终日奔波之中找到一些可停下的契机。超联城市理论关注的就是如何让人们在日常生活中拥有短暂停下的机会，而不是需要抽出专门的时间，去公园、去郊外才能找到放松的机会。因此，本书倡导：日常之间的城市公共空间就是创造幸福的契机，是生活与工作平衡的突破口，是健康生活的孕育地，可以为自我、为生活、为心灵充电。这些契机可能是午后公园小憩、饭后公园散步、晨间户外瑜伽，或是邻里街头小聚会。希望人们面对高压的城市生活，除了逃离城市之外，能够通过本书获得一些启发，摸索出一条追求美好生活的他途——寻找都市生活的"小确幸"，拥有随遇而安的积极的都市生活态度。希望本书构想的超联生活能够为繁忙的都市人打开一扇扇能透过阳光的天窗。这也是本书提出超联城市概念的最终诉求——让都市人群的日常生活更美好。

因此，这是一本与每个人日常生活都相关的书，希望能够照亮那些可能不曾被大众关注的城市公共空间，让人们发觉城市生活的更多可能。它将向人们展示如何通过设计将城市公共空间像拼图一样拼合在一起，让人们从全新的角度去发现生活中离开家门后的每一步，以小见大、见微知著。而当人们深刻地意识到这些空间对社区互动和生活福祉的重要性时，将能更准确地捕捉和表达自己对空间的需求。当人们开始学会欣赏每个城市空间的独特之处时，也将更能体会到该如何爱我们的城市、爱我们的生活，如何使用、参与建设、关怀照顾这些空间，为它们的长期可持续性做出贡献。居民不仅是生活圈的服务主体，也应当是生活圈建设的参与者。希望本书可以在公众心中埋下一颗种子，激发大家对城市公共空间的想象力，并越来越多地参与城市共建。当人们聚集在一起分享他们对这些日常空间的想法，提出关于日常空间的生活愿景，以及探讨这些空间带给自身及城市的身份认同时，也将是人们获得更加充满活力、更加可持续和宜居的城市生活圈的关键时刻。

章节逻辑概述

本书包括理论概述和运用参考手册两大部分。第一部分理论概述是对超联城市理论的详细阐述。该部分主要围绕下面几大议题展开：什么是超联城市？它能为人们的日常生活解决哪些问题？它能创造什么样的理想生活？如何运用超联城市理论形成新的生活圈规划模式？基于这一逻辑，本书第一部分理论概述分为以下五章。

第1到第3章明确了超联城市概念的理论基石和空间载体，即回答第一个问题：什么是超联城市？第1章以对家的概念进行溯源为契机，通过对传统生活圈的由来及范围的分析，引出超联城市概念下的生活圈的提升目标。该章确立了本书对超联城市的理解是基于日常、人本的理念，并以此明确了超联城市的基本概念、意义和重要性。第2章通过对生活圈构成三要素的解析，以及超联城市理论对这三要素的启发等多方面的理论阐述，为超联城市的具体实践方法的提出建立了基础。第3章在前面理论阐述的基础上拓展到空间角度，提炼出"城市界面空间"这一超联城市理论的物理空间载体，同时将日常生活观察——对当代都市日常生活模式与公共空间生活的记录，作为指导生活圈新模式的实践依据。以上三章通过理论与空间的双向论述，明确了超联城市这一规划方法论自身的特色及适用范围，为后续以此理念为指导展开的生活圈新模式的具体内容提供了理论及实践基础。

第4章将超联城市理论推进到规划实践中，提出了生活圈新模式这一实践方法论。该章首先阐述了生活圈新模式的基本规划逻辑——强调以营造日常之间的生活感知为目标，实现对生活模式的编排。紧接着提出了在城市界面空间中创造丰富生活感知的具体方法，即围绕生活场景、体验片段和生活时刻这三大核心出发点来进行生活圈的规划，并以超联理念导图的形式展示了这一生活圈新模式的思维逻辑体系。此外，该章进一步明确了具体的实践步骤，来指导在实际项目中如何以生活场景、体验片段、生活时刻为出发点，构建不同于以往的生活圈空间体系，实现超联城市。

第5章反思了当下城市生活圈建设需要应对的各类问题，以及随着社会发展，为了实现未来新的生活目标所面临的机遇和挑战。其讨论的议题包括国内现有社区理论、旧改融新、公共与私密的边界、平等城市、地域元素、生态气候安全，以及科技发展对城市空间带来的挑战等相关内容。并在超联城市理论及实践方法的基础上，进一步分析面对这些城市挑战，本书提出的生活圈新模式的应对策略和重要意义，即回答：这种新模式能为城市及居民的日常生活解决哪些问题、带来哪些改善。

本书第二部分为生活圈规划景观新模式运用参考手册，包括生活场景系统手册和生活时刻模块手册两章，以辅助引导本书理论的实践。该部分通过在生活圈理想地图中模拟场景搭建、体验动线策划、构建生活时刻模块的空间设计及参考原则，具体展示生活圈新模式如何引导生活圈空间的组合与编排，构建出符合超联城市理论目标的超联生活范本。这一手册完善了超联城市从理论到实践的全流程，为实践者提供了在实际项目中可参考、运用、衍化的技术内容。

PART 1

● 构建超联城市——在日常之间创造丰富生活

● 超联城市理论引导下的生活圈构成三要素

● 超联城市理论的空间载体——城市界面空间

超联城市
理论概述

Hyperlife

City

Theory

第一部分

Chapter 1

构建超联城市——
在日常之间创造丰富生活

"宇宙的一切都是相互依存、相互联系的，每一事物都是在与他者的关系中显现自己的存在和价值。"

——《中华文明的核心价值：国学流变与传统价值观》

陈来

1.1 超联城市的由来

1.2 超联城市理论的核心理念

1.3 超联城市理论的研究范围

超联城市的由来

人们的日常生活始于家，延伸至社区，最后与各种城市空间产生联系。随着城市化进程的发展，越来越多人的日常生活在这样日复一日的联系中，与城市越发紧密地融合在一起。城市空间影响着人们的每一次出行、每一笔消费、每一回游乐，甚至每一天醒来时的心情底色。如果仔细思考城市空间与人们的日常生活之间的关系，很难明确地指出，是城市的空间环境创造了独属于每个人的生活，还是人们对生活的选择塑造了城市的每一处角落。这种城市与人的生活的双向关系，也在影响着城市规划这一学科的发展，让"人"这一城市存在的根本逐渐成为城市发展关注的重点。也因此，诸多以人为本的社区及城市规划理念在东西方均得以发展。其中，最著名的是日本学者在 20 世纪 60年代首先提出的生活圈概念，以及与之有着相似之处的西方新城市主义。

"生活圈"的提出，最初的目的是解决都市圈人口密集但缺乏基础配套设施，以及非都市区域人口过疏带来的配套设施难以运营的问题。其本质是一套基于人口密度整合城市资源、有效布局服务设施的理论，即保证人口密集的都市圈有足够的服务设施，提升城市活力，同时引导非都市区人口尽量集中分布，以便共享服务设施，最终达到城市资源合理配置的状态。这一理念广泛地影响了亚洲地区国家。近几年来，中国也提出了社区生活圈、15 分钟生活圈、便民生活圈等多元理论，它们的本质都是在一定度量单位范围内满足居民需求的公共设施配置原则。

新城市主义则秉承相似的人本化理念，进一步针对不同尺度的城市空间，对如何提升城市设施的服务效率进行了总结。新城市主义是在反对城市向郊区蔓延的呼声中诞生的，其本质是基于紧凑型的城市增长模式及多功能混合布局来实现基础设施可达性提升及多社会阶层共存的和谐模式。新城市主义规划理论强调空间层次，其原则按实践尺度分为三个层次：（1）区域：大都会、市和镇（the region: metropolis, city and town）；（2）邻里、分区和走廊（the neighborhood, the district and the corridor）；（3）街区、街道和建筑物（the block, the street and the building），并根据这三个层次提出了一些规划准则。新城市主义对中国城市建设的影响，包括其关于紧凑型增长模式及多功能混合等的理念，更多地融合在了以生活圈为落脚点的规划实践中。

生活圈和新城市主义这两种规划理念在中国的实践都在一定程度上提升了城市的居住质量，为居民提供了丰富的城市公共空间。然而，随着我国城市居民精神文化水平不断提高，城市化发展愈加重视人民居住质量，城市新旧迭代不断加速，生活圈和新城市主义由于缺乏对以下两大关键点的论述，无法完全满足新的居民需求，也无法解决当下及未来的一些城市问题。

第一，两种规划理念的出发点虽然都是人本主义，但具体的规划策略与传统规划策略一样，是站在宏观层面以自上而下的视角对城市空间进行探讨，没有真正回应人们的日常生活习惯。比如，对城市区域仅仅进行抽象定义——以圈的概念简化人的体验和活动范围；对城市空间的布局仅限于依托宏观量化概念，根据人口基数、距离、时间等对设施数量进行界定；对人群的需求概括较为笼统和片面，还停留在类似千人指标这样的层面，未对人群类型进行细分，也未从不同人群日常生活的具体需求出发进行规划。

第二，两大理论并未系统性地阐明如何将城市作为一个有机整体进行实践：未能定义出不同城市职能区域之间的具体联系；未能在规划理论中聚焦关注这种联系的空间品质和实践方法。例如，新城市主义虽然提出了社区走廊、街区、街道等概念，并且强调了空间的步行体验、联系空间品质的重要性，却未能提出系统性的具体实践策略。

由此可见，在这两大理论指导下的城市建设成果中，城市与人们的日常生活很多时候并未实现真正的融合。纵观当下，从城市居民的情感角度来说，在大部分时间中，人们与城市户外空间的关系常常停留在简单的"路过"上，人与自然只是周末的短时"相伴"，人与人也在这样单调的生活中逐渐失去集体共鸣与情感纽带。从空间角度来说，城市公共空间的连贯性、完整性、趣味性体验常常被现有的城市规划及建设忽略，而这恰恰是建立城市与生活的纽带的关键。因此，在当下的城市社区建设中，越发需要一份理论与实践的指导，以便在现有宏观城市肌理基础之上，整合城市资源，联系新旧城市区域，创造系统化的城市空间。

因此，在生活圈和新城市主义这两大理论的基础上，本书提出了"超联城市"的概念，以回应以上这些问题并应对新需求的挑战。超联城市理论是对常规生活圈与新城市主义理论的结合与升华，与两者有着重要的承袭关系，其重点是在以人为本的生活圈中强化"超联"这个理念。超联，即与超越自我范畴的外物的联系。在城市建设实践中，"超联"可以理解为：在都市生活发生场中与超越自我范畴的外物建立联系（图1-1-1）。这样的联系将帮助人与其自身所处的环境实现真正的融合，实现生活

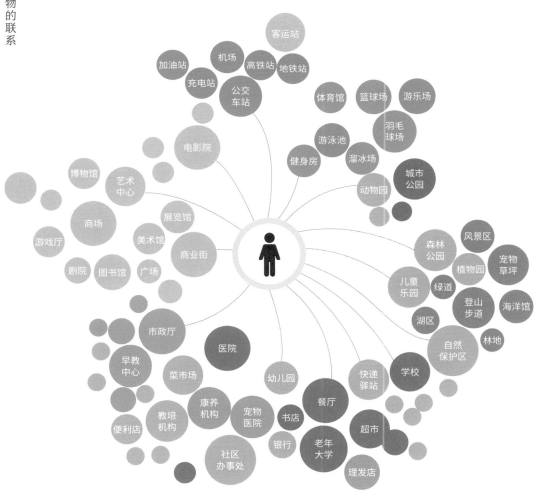

圈的和谐共生。这些与超越自我范畴的外物的联系具体在生活中可以是什么？每个人都有属于自己的理想与诉求，无论超联关系还是超联对象，都有着多重的可能性：小到与家人、与公园、与地铁的联系，大到人与自然天人合一的理想。

这些超越自我范畴与外物的联系可概括为三种：人与城市、人与人、人与自然。人与城市的联系，指的是人与社区周边各级别城市交通及各类服务设施的联系；人与人的联系，指的是人与自我、家人、邻居产生社交互动的联系；人与自然的联系，指的是人的精神和身体与自然环境的联系。超联城市的理想即是在生活圈中强化这三种联系（图1-1-2）。

人与城市超联：其意义在于让城市中丰富的资源为人所见、为人所用、为生活带来机会与便利，让城市成为幸福生活的基石。多元便捷的城市设施是促成人与城市超联的关键。

人与人超联：其意义在于让城市成为促进人与人产生互动

的介质，带来人与人之间精神上的联结与意义，提升人内在的幸福感。丰富的社群与社交机会以及人性化的服务系统是促成人与人超联的关键。

人与自然超联： 其意义在于让城市成为一个生态化、自然、可持续的基底，为城市居民带来有更多放松机会的、更健康的自然环境体验，缓解人们在城市中生活的疲倦与紧张，加强人们对城市的环境归属感。自然系统的建立、新能源的利用，以及健康的理念，都是人与自然超联的关键。

城市、人与自然是人与这个世界产生联系的关键要素，这一理念与中国传统文化中蕴含的诸多理念不谋而合。无论儒家学者董仲舒的"天地人，万物之本也"中展现的对人的关怀，还是"天人合一"中蕴含的对自然的尊崇，抑或作为中国人的民族性格中重要部分的恋土、恋家情结，都显示出城市、人与自然在中国传统精神内核中的重要意义。尤其是人这一要素更是重中之重——蒙培元先生曾说：儒家思想文化是人文主义的，也是人本主义的。它提倡以人为本，但是它从人的情感意志出发，是以人的存在、本质、价值和幸福为中心课题，以完成自我超越的理想人格为终极关切。因此，超联城市理论以城市、自然、人作为超越自我范畴与外物联系的三个最重要的切入点，通过在城市空间中实现三个超联理想，并着重强调"人"这一要素，从下至上，由小见大，在日常生活的目的地之间引导人们亲近城市、亲近他人、亲近自然，在日常感知中得到启发与共鸣，发现更多生活的美好。本书将这种穿行、来往于不同日常生活目的地之间的过程称为"日常之间"，它强调出发与到达之间的联系空间。

1.2
超联城市理论的核心理念

　　超联城市是在"超联"理念指导下的针对城市规划的理论和实践思考。超联城市理论包括如下两大核心理念。

· **在心理层面上创造日常生活的联系维度——人本主义的城市生活理念**

　　超联城市的核心理念是对人本主义的深入挖掘，其诞生的根基是人本主义与规划方法论的结合。它着眼于城市生活中那些本来平凡的日常时刻，联结宏观的规划设计与人们每日的生活。它强调在城市空间中关注人们从离开家门到进入公共领域的整体体验，在这之中挖掘人的功能需求、社交需求、自我实现需求；强调解析人们日常生活的偏好、节奏，遇见的人、事、物，以全面而多元的角度关怀城市中的各种人群；强调让城市成为更好的每日生活的载体，让城市规划对生活的编排融入人们日常生活的细枝末节。以人本主义为根基的超联城市概念是一种新的规划方法论，也是从这几个课题出发去联结生活的内核。

· **在物理层面上创造日常生活的联系维度——重构界限的城市空间理念**

　　超联城市理论强调在生活圈的实际规划中突破地块的边界，重构城市界限，以实现对城市中联系空间的体系化构造。其操作方式是通过整体统筹、梳理、更新或提升城市中的各类公共联系空间，将其串联成完整的具有良好体验的连续城市界面空间，以此在城市公共空间中实现公共设施的完整性，形成丰富流畅的体验感，将生活圈中的城市设施与人的关系进一步拉近到物理层面上，实现超联生活状态。

可以说，超联城市理论是对未来新型社区的构想，是对新城市生活模式的创造，是对什么是理想都市生活的探索与论述，同时也是对传统城市社区规划模式、生活圈模式的一次进阶。它为城市带来新的生活内核：通过创造人与生活环境的更深刻的联结，来更全面地满足人的生活需求，提高生活质量并促进社会的可持续发展，以实现超联生活状态。生活圈构建在中国城市规划理论与实践中还未形成完整的体系，而在中国特色的城市发展中，它又十分重要，且具有极大的可实践性。因此，超联城市概念是一项被迫切需要、可以实现城市更好发展的前瞻性理论。

接下来，我们将从生活圈概念的源头出发，对超联城市这一概念进行层层解读，逐步明确这一概念将如何对城市空间与居民生活起到积极的作用，创造一种充满活力、创新和包容的新生活模式，从而实现人与城市、人与人、人与自然的完美融合。

1.3
超联城市理论的研究范围

要探究超联城市概念为何可以作为生活圈规划的优化理论，就需要从生活圈的原点讲起，即"家"这个概念。家，从狭义物理范围可以解释为任何用于人类长期或短期居住的居所空间。希腊爱琴大学教授西雅·S.特尔肯利（Theano S. Terkenli）认为，在心理层面上，最强烈的家园感一般会和地理上的居所位置吻合。通常，家园感会在人离开其居所位置时减弱，但这种减弱并非必定发生或有规律可循。[1] 然而，在更广义的心理层面上，家的概念有许多内涵，居民可能会将家与价值、情感、经验和关系联系起来。正如丹麦奥尔堡大学建筑环境系教授基尔斯滕·格拉姆 – 汉森（Kirsten Gram-Hanssen）所说，相关的居民产生的社交和行为形成了家的感受。正是这种社交和行为使得一个住宅可以被称为"家"。社交功能失调可能会导致住所是家的感受遭到否定，而物质内容则可能赋予人类这种感受。家的英文释义中提到 "home is the place in which one's domestic affections are centered"，可译为：家就是一个归属情感聚集的地方，我属即我家。

构建一个上述广义心理层面的家在当代中国社会的发展中显得尤为重要。在人口老龄化加剧、单身不婚主义者增多、新生人口锐减的现状及未来趋势下，传统的以婚姻以及血缘为纽带的家庭单元将不再是唯一的居住常态。未来独居、寡居等居住形式会成为与传统家庭并行的常态居住模式。而这些多元类型家庭中的个体对于社交的渴望、关爱的需求无法在人口稀少的小家庭中取得。这种渴望亟待向外延伸，扩展心理居所的边界，寻找邻里的归属感。而如何去回应这种渴望，需要从日常生活的角度明确家的外延空间具体是什么。

---

[1] "Home as a Region", Theano S. Terkenli, *Geographical Review*, Vol. 85, No. 3 (Jul., 1995), pp. 324–334, published by Taylor & Francis, Ltd., https://www.jstor.org/stable/215276?origin=crossref, 上次登录于 2024 年 2 月 2 日。

在现代中国居住模式发展过程中，家的外延空间是伴随着"单元"这个概念而衍化的。在《中国城市的单位透视》一书中，作者提到，中国的住区发展可以分为三个阶段。第一是在计划经济体制时期，以生产单位为主体的单位化阶段；第二是在住宅市场化改革启动后的去单位化阶段；第三是2010年开始的新单位主义思想时期。在单位化阶段，主要的居住模式是基于同一工作单位关系缔结的聚集模式。这种居住模式是由密切的社会关系组织起来的大型居所单元，因为单位大院的存在而形成了接地气的、邻里之间低头不见抬头见的氛围。孩子们可以安全地在单位大院里、胡同里、弄堂里追逐奔跑，邻居搬着板凳在门口东家长西家短地唠嗑，没有人觉得寂寞难耐，还偶尔嫌邻里日常喧嚣吵闹。在那个城市化不充分、经济条件有限的时代，这样围绕工作机构而形成的单元化大院成了当时家庭生活的外延。然而，这种模式必然有其自身的局限性，如服务对象局限、封闭围合、与城市割裂、资源不均、设施缺乏等。

　　去单位化阶段出现于21世纪初，住宅商品化、高层化成为"1998年房改方案"后的社会及经济发展的体现载体。城市部分区域经济发展快速，带来了区域物质条件的暂时领先。在这种情况下，封闭小区成了这些局部优势发展区域的新式住区模式。城市里经济条件允许的居民都从旧的单元楼搬进了商品房小区。早期的住宅小区以房子本身为单一的建设点，没有充足的社区配套服务设施，其结果是建造了一批批都市中冷漠的"钢筋混凝土森林"：孩子没有了可供其奔跑的巷道院坝，邻居偶尔打个照面也没了寒暄温暖。自由购买的商品住房让一切居住地的选择变为可能，却也让人们缺失了必要的社交关联缔结，小区中人际关系的缺失成为削弱归属感的一大因素。此外，部分封闭小区不仅内部无法提供充足的社区配套，对外也缺乏联系，无法提供家的外延空间。小区冰冷的围墙更加剧了城市空间的割裂。

新单位主义思想时期则是在 2010 年前后逐渐形成的。这一时期主要强调关注社区、配套、服务，关注居民的生活半径，以强化城市空间的公共性。《中国城市的单位透视》通过引用"生活圈"这一由柴彦威从日本引入的概念，来概括这一阶段的主要关注点，并基于此提出生活圈是居民的"日常活动空间体系"这一思路，将日常活动从家拓展到了外延的城市设施及活动空间。这一出自城市视角的生活圈定义体现了其对传统工作团体、小家庭的居住模式的突破，展现了一种未来式的、基于自由社会关系的、既共享又独立的城市生活方式。它强调了日常生活圈就是居民主要日常生活开展的范围，即日常生活圈＝家的外延（图1-1-3）。这与超联城市理论对生活圈的理解出发点相似，即生活圈的建立是基于对未来人群精神需求、生理需求、社会需求的多方面满足，是真正围绕日常生活的活动范围和功能需求去创造的具有生活选择与社交可能性的物理及心理的家的外延。这一理念正是研究生活圈的起始点。

然则，类似上文提到的"生活圈"理论，如由法国城市学家卡洛斯·莫雷诺 (Carlos Moreno) 提出的 15 分钟生活圈等，在实践中往往对外延空间的处理过于简单——仅仅依靠范围尺度去定义生活的外延空间，关注距离圈内的指标而忽略圈内的体验，强调特定距离以内的服务设施而忽略特定距离以外的重要城

现有生活圈模式

出行需求　户外需求

服务需求　　　生理需求满足　　　购物需求

社会需求满足　　　　　　　家的外延空间

精神需求满足

健康需求　　　　　　　　　　　娱乐需求

教育需求　　事业需求

升级
拓展未来家的外延空间

早期模式

市联系。因此，尽管传统生活圈理论是以居民的主要日常生活需求开展范围为出发点，但对外延空间的简单处理这一弊端让生活圈的现实体验重新趋向于碎片化。

要解决这一弊端，就需要回到问题的根本：是否可以用物理长度、到达时间等一系列量化指标去定义生活圈的边界？是否"边界"内设施密度越大，生活的舒适性越强？对于这些问题，超联城市理论认为，生活圈作为居民日常生活需求活动开展的范围，不应该仅仅根据距离或者通行时间来决定，而应该根据生活圈中所包括内容的可达性、参与性，以及与居民需求的匹配程度等来共同决定。这个范围应是由居民的生活需求及居民心理上可感知的范围共同形成的一个意识范围，而非简单地以距离为标准的、半径式的圈状物理边界（图1-1-4）。例如，5千米的距离很远，但对于跑步这项日常活动来说，如果跑道入口可以非常便捷地与家发生连接，成为可感知的日常生活范围，那么5千米这个活动的区域就会成为跑步者生活圈的一部分。反之，缺乏联系、无法便捷到达，或者空间体验不佳的地方，就算与家仅仅一墙之隔，也会成为日常生活及意识的盲点和死角，成为生活圈的断点空间。从这个角度出发，5分钟、10分钟、15分钟、30分钟都只是生活圈的狭义度量。当然，这一说法并不否认生活圈各个设施服务半径存在的意义，只是强调设施的可达性、与需求的契合度，以及联系的便捷性是让服务半径真正具有价值的参数。

因此，如何创造与日常生活高度相关的，有着密切空间联系、意识联系的活动范畴，是构建家的外延的重点，也是构建超联城市概念下的生活圈的关键。在以下的章节中，本书会具体探讨生活圈究竟由什么构成，以及超联城市理论如何基于这些构成要素创造能够同时建立物理和心理联系的家的外延空间，实现超联生活状态。

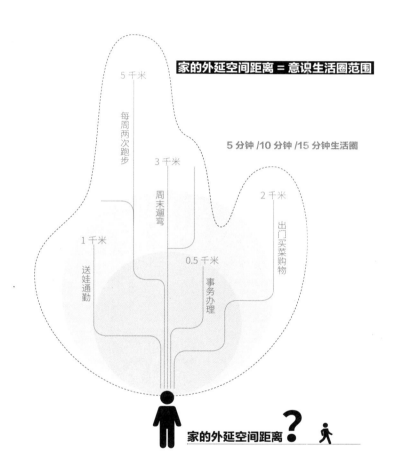

家的外延空间距离 = 意识生活圈范围

5 分钟 /10 分钟 /15 分钟生活圈

5 千米
每周两次跑步

3 千米
周末遛弯

2 千米
出门买菜购物

1 千米
送娃通勤

0.5 千米
事务办理

家的外延空间距离 ?

Chapter 2

超联城市理论引导下的
生活圈构成三要素

问人类生活于什么？ 我便一点不迟疑答道：

生活于趣味。

——《美的生活》 梁启超

2.1 人

2.2 目的地

2.3 联系动线

如上一章所述，超联城市理论的第一层核心理念是对人本主义的深入挖掘，其研究范围是人的日常生活。日常，顾名思义为每日经常，是一个普通人规律性的每日24小时生活行为。通常，普通人的日常生活起始于家，然后在一天的过程中穿梭于家和不同目的地之间。常见的目的地有工作场所、超市、学校、公园等。依据人群的完整社区活动，本书定义了构成生活圈的三要素：人、目的地和联系动线（图1-2-1）。

纵观三要素，多数传统生活圈及社区建设的实践与理论更关注目的地的数量、密度或对服务设施的补充或提升，鲜少将人与功能设施之间的联系是否合适纳入考虑范畴。但超联城市理论

主张将人和联系动线放到与目的地同等重要的位置。如果将超联城市概念所倡导的生活圈新模式比作一部生活电影，那么居住区、建筑及城市等目的地可视为演绎不同角色的演员，人可视为电影导演，而联系动线则是电影的剧本。剧本串联起所有的剧情，构建演员之间的角色关系，成为导演完成作品的思想骨架和表达媒介，是贯穿整个剧情的灵魂介质。同理，联系动线串联起日常生活，构建目的地之间的联系，是人完成日常生活的核心骨架，也是生活圈最重要的要素之一。人们看电影的时候常常更关注演员，而剧本与导演的重要性却被弱化。同样，在传统生活圈的建设中，目的地常常被视为最重要的部分，而人的多元需求，以及目的地与家、与其他目的地之间的活动的联系性，联系空间的体验性往往被忽略。因此，本书将从三个要素的特征出发，解析如何从更全面的视角出发，平衡对三者的关注，实现超联城市概念下生活圈新模式对传统生活圈的进阶。

2.1

人

在生活圈内，人是主动行为的触发者，是生活圈的内驱动能所在。人的需求创造了目的地和联系动线存在的意义。如超联理想中所述，在生活中，人们寻求建立联系的根源在于对人与人、人与城市，以及人与自然之间紧密联系的渴望。这些需求创造了众多的生活目的地，同时在人到达目的地的过程中产生了联系动线中的活动。作为生活圈三要素的核心，对人的解读是理解三要素的基础，是构建一个平等、和谐、共融的生活圈的关键。这种解读不应该停留在千人指标的计算之上，而应深入人的群体特征，以及个体特征的共通性和差异性，即了解人群的年龄构成、家庭构成，以及这些差异所带来的不同的生活习惯、活动偏好、出行模式、工作种类、养育习惯等方面。通过这些深入的人群分析，可以了解一个社区真正的特点，使生活圈构建、城市公共空间的发展真正体现以人为本的特点。

如何对群体进行分类以涵盖更完善的人群类型，并对不同类型的需求进行剖析，从根本上引导了生活圈最终的社区状态。常见的人群分类包括儿童、成年人、老人，然而这样笼统的分类，并不能让各类别中的亚群体的需求得到满足，比如，幼龄儿童和学龄儿童的游玩方式是不同的，年轻人和中年人的休闲需求也是不同的。人群按照年龄可以细分为幼龄儿童、学龄儿童、少年人、青年人、中年人、老年人；按照生活属性可细分为幼儿、学生、上班族、全职家长、退休人员、残疾人等。只有关注多样的人群分类才能全面归纳和总结生活圈人群的生活方式，从而在生活圈的建设中按照不同人群的需求进行设计，回应群体的特殊要求。

因此，在超联城市概念的语境下，对人这一要素的强调，其本质是对人需求的深刻挖掘与理解，真正看见与尊重人的多元背景及生活习惯，这可以指导生活圈的实践方向。

目的地

目的地是城市中的功能性场所，是人们走出家门进入城市的重要原因。日常生活的目的地可分为必要目的地与偶然目的地两种。其中，必要目的地通常是人出于目的性意愿和理性的选择，是日常必要活动的发生地。在必要目的地，人一般进行的都是必要性重复活动，这些活动构成人的物质生活的必要支撑。比如，必须要吃饭，所以需要去菜市场或者餐厅；必须要工作，所以去公司上班；等等。必要目的地在诸多社区理论中都以功能服务导则的方式被反复强调，因而在超联城市的思路中，必要目的地的完善并非探讨的核心。

偶然目的地是在去往必要目的地的途中或感性选择下遇见的惊喜场所。与必要目的地相比，偶然目的地在必要的功能性之上具有更多的趣味性、游玩性、独特性。它们能给人带来充满惊喜和无限可能性的体验。这些空间可能是下班回家途中的林荫路、老人下棋的街口、孩子玩泥巴的小水塘、情侣约会的墙角，也可能是社区中那些并不起眼、从未被关注、微不足道的空间。在梁启超文集《美的生活》中，有这样一句话："问人类生活于什么？ 我便一点不迟疑答道：生活于趣味。" 偶然目的地就是生活趣味的萌生地，可以创造生活的"小确幸"，激活目的地之间的趣味化、故事性生活体验。这种新体验模式与朝九晚五上班打卡的重复目的地体验相比，更鼓励人们在不确定的时间里经历不确定的事件、与不同的人产生偶然交集，进而深刻促进社区的社交活力。超联城市理论的关注点正是创造偶然目的地这一在诸多生活圈理论及实践中常被忽略的生活圈元素。超联城市强调，在生活圈构建中，根据居民的多元需求，在必要目的地之间创造出多样的偶然目的地，为人们提供丰富的、有惊喜感的日常生活选择（图1-2-2）。其理念不仅强调偶然目的地的建设，也强调精神价值。通过城市空间中偶然目的地的构建，并辅以活动体验的策划，形成多元的新城市目的地。这些偶然目的地将创造大量的创意性日常生活活动，激活城市公共空间的人气内核。

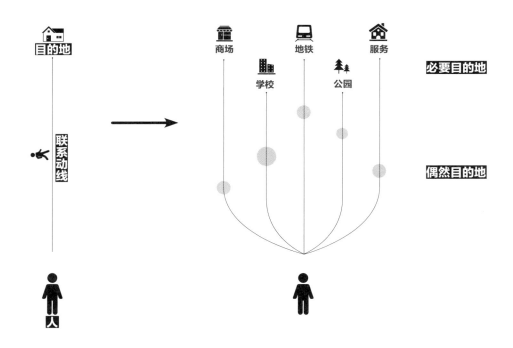

2.3

联系动线

联系动线作为串联不同目的地的路径，就像一根两端确定，但长度可调整、形状可变化、粗细可更改的连线。联系动线通过联系人与目的地，构成生活圈的重要骨架。人到达各种城市功能空间的途径，产生了无数看不见的城市联系动线，而不同的联系动线在城市空间中会重叠、包含、交织，比如，购物动线与通勤动线在空间上可能会产生局部的重叠，但在这一重叠的空间中，人在不同动线上参与的实际活动内容可以有所不同。这样的编织构架是在城市中建立人与人之间社交互动的关键。联系动线将人群引向目的地，进而使每个人的城市生活交织在一起，形成了生活圈的社交网络骨架。

然而，在实际规划工作中，联系动线如何串联目的地，从而联系起社区与城市，以及如何编排动线上的具体体验，是常常被忽略的重要内容。这种忽略产生了诸多城市使用问题，例如，各种不良联系空间明显增加了居民的抱怨，减少了生活中趣味事件发生的概率。在实际使用中，便捷性、可识别性、体验感不佳的联系动线会导致目的地的低频使用，无法满足人群的日常需求。常见的例子包括每日需要从地铁站绕行的超市、阻隔便捷路径的城市围栏、放学路上不顺路的游乐场等，相信每个城市的居民都可以列举出相似的案例。这更说明了城市对良好联系动线的迫切需要。

因此，超联城市概念下的生活圈构建将会把联系动线作为重要规划对象，通过在生活圈尺度上把相关的城市配套设施与不同人群的生活需求进行逻辑化、体系化的串联，实现建立连续体验系统的目标，以此串联起一系列偶然目的地，丰富家与目的地之间联系空间的体验（图1-2-3）。这一思路遵循以动联线的原则，将生活圈完整地呈现在不同的受众生活之中。

综上所述，在超联城市概念的启发下，生活圈三要素应该共同构建更为积极、紧密的生活圈网络，促进城市体验，带来日常生活中的趣味。

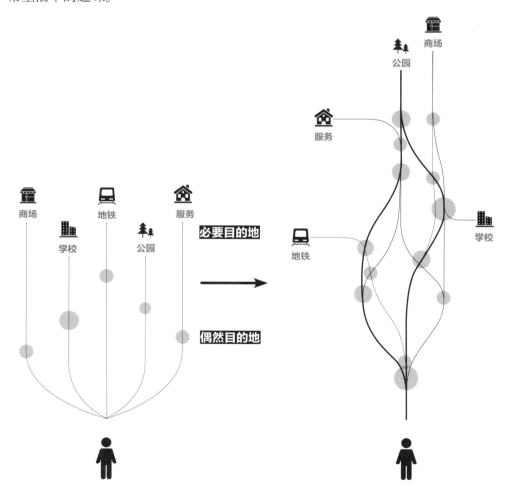

同时，可以注意到，无论对人的需求的呼应、对偶然目的地的营造，还是对联系动线的组织，都是依托于城市公共空间这一重要的城市景观介质来进行的。所以，超联城市倡导的是一种强调以景观规划为切入点的生活圈规划新模式。为此，在下文中，本书将以统筹的视角，重新探讨城市公共空间中的不同空间类型，如目的地空间、联系空间等，先明确在城市这一复杂系统中生活圈三要素的优化可以发生的范围及物理载体，然后以此为基础来构建一个切实可行的生活圈规划思路，最终实现超联城市的目标。

Chapter 3

超联城市理论的空间载体——城市界面空间

世界上有三部分空间：外面、里面，以及夹在外面和里面之间的中间空间。

——VS-A（万山丹）设计事务所创始人罗伯特 - 扬万山丹（Robert-Jan VAN SANTEN）

3.1 城市公共空间 VS. 城市界面空间

3.2 城市界面空间的超联特征

3.3 显微镜下的城市界面空间

3.4 界面元素生活日志

3.1
城市公共空间 VS. 城市界面空间

城市公共空间在城市建设中已受到越来越多的关注，尤其是大型城市公园、商业广场等日常生活目的地类的城市公共空间，而这些目的地与目的地、目的地与家之间的联系类城市公共空间，也就是上一章讨论的偶然目的地和联系动线这两大生活圈要素发生的空间，如人行道、马路、地铁口、路边小公园、街角广场等，却往往受到忽视。但是，这些城市公共联系空间却是日常通勤、发生临时性社会公共活动的重要场所，在人们每日的生活中占据着重要的位置，是关注"日常之间"、在"日常之间"创造丰富生活的关键。

人们每天在这些空间中行走、生活、互动……因此，它们自然而然地成为城市居民表达生活的语言。之所以用语言来类比这些城市公共联系空间，是因为这些空间的可读性、沟通性、引导性对人们发现生活、理解城市公共空间有着巨大的影响力。它们是传达城市文化、历史、价值观必不可少的沟通语言。然而在现实中，这些城市公共联系空间存在着诸多问题，以至于其应具有的语言属性也被极大地弱化和忽视。这些问题总结来看主要有以下三点。

（1）联系性不佳：与周边配套设施接驳不足，导致周边城市资源利用效率的下降，使许多城市公共空间无法发挥真正的价值；新建区域与现有区域缺乏联系，带来城市空间的割裂感，导致城市功能联系差等问题。

（2）形象不佳：联系空间凌乱或缺乏特色，导致人气低下、形象不和谐等问题。

（3）功能分布不均：联系空间缺乏统筹，导致某些城市公共功能重复，造成资源浪费，或导致某些功能缺失，难以满足居民日常生活需求；已有功能与主要居住人口需求不相符；空间功能单一，不能满足多元人群对城市公共空间的需求；空间容量不足，导致功能难以置入等问题。

造成这些问题的原因既有城市层面的客观因素，如城市公共联系空间的地权所属性较为复杂、缺乏体系化的建设模式等，也有城市建设参与者层面的主观因素，如对联系空间的重要性认知不足等。

其中，地权所属性复杂背后的原因在于城市空间的自上而下的产生方式。城市空间来源于传统城市规划中对土地地块功能的划分，是在控制性规划到分地块建设这一宏观逻辑下进行的。这一过程主要以政策方向、资本倾向、社会结构、产业发展等为导向，依据传统规划技术实施。这样的土地规划方式让城市功能分区更加明确，却也带来了一些问题。首先，在城市尺度上，这种划分方法往往导致不同地块的城市公共空间被分割开来单独建设。其次，在街区尺度上，在每一个地块内以用地红线和围墙对地块进行公共空间与私密空间的简单划分，常常缺乏对城市整体利益最大化的统筹，导致功能区划分过于绝对而欠缺对公共空间联系性及容量的考虑。

在这种"分割"的客观条件下，许多城市建设机构又常常将这些城市公共联系空间视为城市建设的附属产物，而不是将其视为可以独当一面的城市要素去重视。尤其是城市非核心区域的大多数普通生活片区，很少有机会像城市重点片区，如城市核心片区、中央商务区、历史街区等那样，得到整体规划，由城市规划师或景观规划师进行细致的空间规划与设计。这也就导致这些普通生活片区的联系类城市公共空间常常是以地块来划分，由不同的开发者、设计者在不同的时段，基于不同的目标和诉求来分开建设的，因而又进一步造成了城市公共联系空间整体性的缺失。

最终，这些客观与主观因素共同导致了城市公共联系空间常常以零散的、单独地块各自为政的模式进行建设。其结果可能带来一种负面体验，或是不完整、不连续的、无意义的空间体验。例如，街道上突然绕行的人行道、找不到过街点的路口、逼仄压抑的墙边小路等。如果还以语言去类比，不佳的城市公共联系空间的体验感与阅读一些未经编辑的、零散的、民间流传的逸闻趣事相似，因为逻辑性缺乏或篇章收集不完整，让读者阅读起来感到迷惑不解，或戛然而止，意犹未尽。

因此，本书提出了城市界面空间的概念：把城市公共空间中由偶然目的地和联系动线组成的联系空间进行提炼、统筹，这种经过规划的、具有故事逻辑的城市公共联系空间称为城市界面空间（图 1-3-1）。以超联城市为目标构建的城市界面空间，能很好地解决前述的零散感、断裂感等问题，让城市公共空间完整而连续，提升空间体验感。城市界面空间是超联城市理论的物理空间载体，让超联城市理论的两大核心理念能够得到实践：通过明确地构建逻辑体系、空间语法，实现重构界限的城市空间

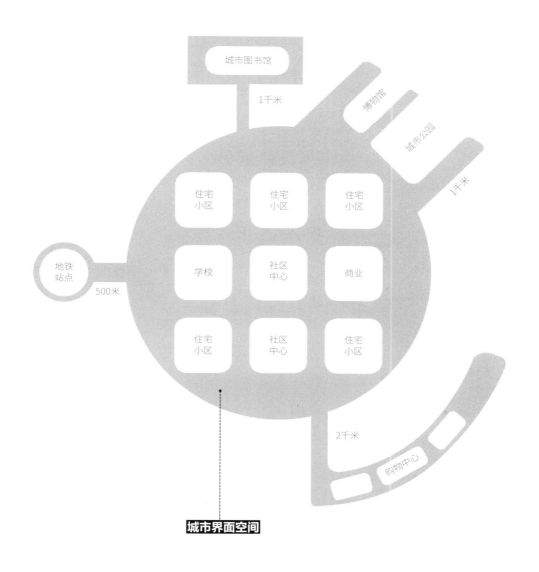

城市图书馆

1千米

博物馆

城市公园

1千米

住宅
小区

住宅
小区

住宅
小区

地铁
站点

500米

学校

社区
中心

商业

住宅
小区

社区
中心

住宅
小区

2千米

购物中心

城市界面空间

理念；通过在城市界面空间中对联系空间的组织与编排，让其讲述更丰富的社区故事，启发城市生活的每一个参与者，实现人本主义的城市生活理念。

3.2
城市界面空间的超联特征

在超联城市理念指导下的城市界面空间有下面两个特征。

公共关联性：城市界面空间是相关联的城市公共联系空间的总和，是以公共意识为边界的有机系统。它的边界不完全是一条固定的红线，而是需要根据合理的公共性需求，去共融、模糊、跨越，甚至消解边界。它的存在价值与周边环境、建筑功能、交通设施等密不可分（图1-3-2）。

城市界面空间不是孤立存在的，它不仅仅包含常见的城市街道景观空间，也包含各目的地之间所有在意识上相关联的城市公共联系空间。城市界面空间的范围不以用地红线为边界，而是以城市空间的公共性为边界，即城市界面空间是私密与公共的分界线。其边界的现实载体可以是围墙、道路、水域等限制公共可达性的人工或自然因素。超联城市强调在城市界面空间的创造中去重构其边界，重新定义围墙的范围、软化生硬的红线以建立合理的生活圈共享边界，探究围墙内外空间的人本特质，让其功能内容符合人群对私密和公共的需求特征；同时，通过与周边新旧环境的密切结合，形成一个具有联系性、层次性的关联网络，因此，在对城市界面空间进行规划时，应与周边重要的公共设施一体化考虑。

复合灵活性：城市界面空间的功能不是单纯的形象装饰，包括联系，但不仅仅是联系——可通行、可停留、可分隔、可扩展功能（图1-3-3，见P44）。

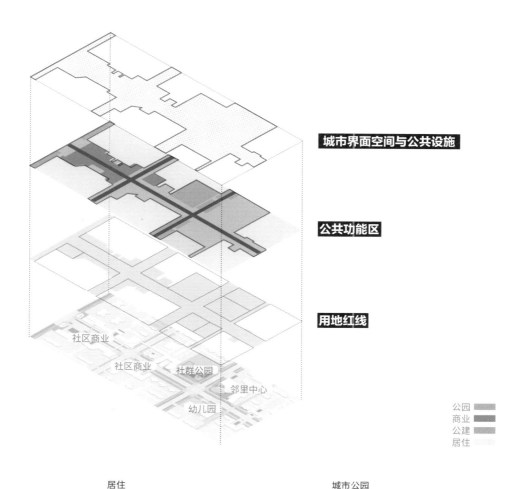

城市界面空间与公共设施

公共功能区

用地红线

社区商业
社区商业
社群公园
邻里中心
幼儿园

公园
商业
公建
居住

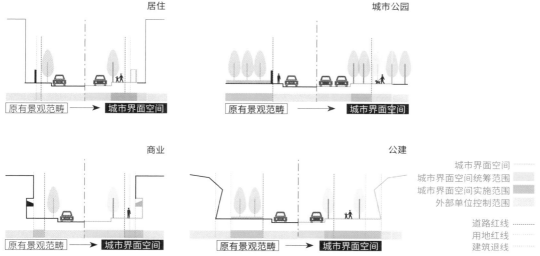

居住

城市公园

商业

公建

原有景观范畴 → 城市界面空间

原有景观范畴 → 城市界面空间

原有景观范畴 → 城市界面空间

原有景观范畴 → 城市界面空间

城市界面空间
城市界面空间统筹范围
城市界面空间实施范围
外部单位控制范围

道路红线
用地红线
建筑退线

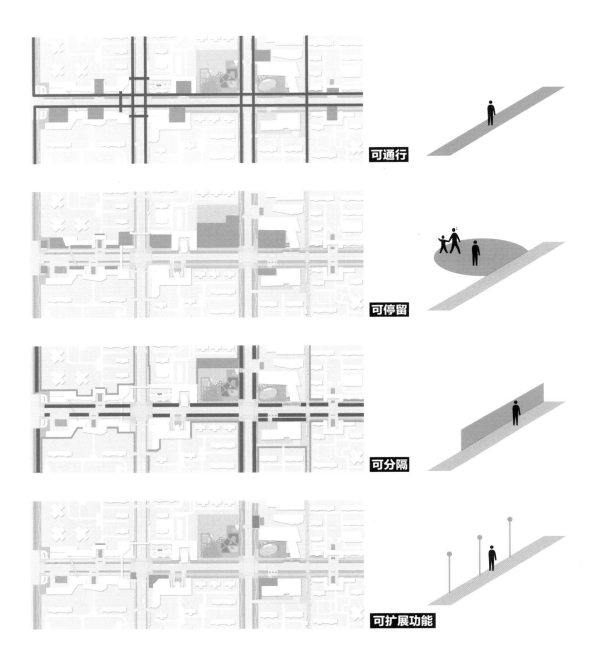

可通行

可停留

可分隔

可扩展功能

城市界面空间的内容不只有交通含义，也不只是视觉的美观化，它强调从单一功能拓展到多元复合功能，以在有限的空间中满足人群对于配套服务完善的要求。它由不同的空间元素交织形成，这些元素基于居民需求、社区功能、文化特色、城市空间等共同建立了城市界面空间这一复合系统。城市界面空间并非永久不变，它对使用者和环境具有高度包容性，能够灵活容纳多元的功能，应对未来环境变化的挑战，是一个具有生命力、创造力的韧性空间，是一个在日常生活中可创造偶然趣味体验的令人惊奇的场所。

在这样的超联城市思路下，生活圈才能形成体验连续的城市界面空间，使得地块与区域、区域与城市的整体关联得到统筹与加强，以此激活城市公共空间，建立积极的生活圈联系，塑造生活圈的整体形象以及实现公共资源的共享与集约利用。在明确了以上两大特征的条件下，如何按照超联城市的理念去构建城市界面空间，如何能够让城市界面空间更明确地引导功能的使用、空间的指向、社交的发生是本书接下来几章阐明的重点。对此，本书提出了对城市界面空间进行先分解再重组的空间载体分析手法——从微观视角出发，分析城市界面空间的组成元素，对人群在城市界面空间中的日常生活现实体验进行记录与分析，形成城市生活日志。通过演示自下而上的超联城市的规划分析手法，为下一步城市界面空间的实践步骤建立事实依据。

3.3
显微镜下的城市界面空间

　　为了更系统性地分析城市界面空间这个实现超联城市理论的空间载体，本书将城市界面空间的最小空间组成分子称为界面元素，并对现实空间中的界面元素进行全面收集，在综合考虑了界面元素的功能及属性后，将其分为四大类型，包括串联界面元素、过渡界面元素、插件界面元素、聚集界面元素。这四种界面元素类型涵盖了组成城市界面空间的所有内容，是构建城市界面空间的最基本原材料（图 1-3-4）。

　　串联界面元素，是城市界面中联系行为发生的最基本的空间载体，是不带任何修饰内容的串联空间。按照字面意思，串联界面元素是为使用者提供穿越、联系及交通相关功能而存在的空间，其形态一般为线性联系空间或者交通接驳节点空间。常见的串联界面元素有人行道、自行车道、天桥、下穿道等穿越类界面空间，以及入口、自行车站点等交通联系类节点空间。其特征是具有单一的交通功能性。

　　过渡界面元素，是城市界面空间中的分隔、缓冲、围界功能空间，为使用者提供与其他空间在视线、声音、路径等上的物理屏障或边界，阻隔空间不利因素，提升空间本身以及邻近空间的积极体验，如舒适度、安全性、健康环境质量等。过渡界面元素可能是围墙、隔离绿带等，其特征是以分隔功能为主导，某些情况下需要兼具视觉形象等辅助功能。

　　插件界面元素，顾名思义是城市界面中的灵活功能插件，可

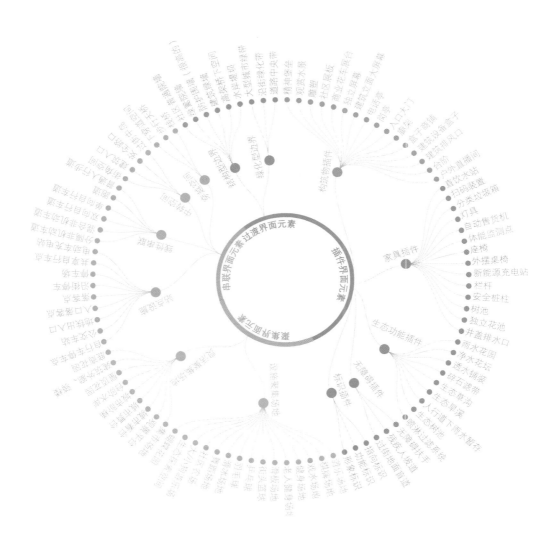

以根据使用者对功能的需要灵活地插入各个城市公共空间之中，以提升空间的便捷性和趣味性、补充空间功能的不足。由于这种类型的元素种类繁多，本书根据功能将其分为五大类型：家具插件，如座椅、栏杆等；构筑物插件，如廊架、小品亭等；标识插件，如路引、说明牌等；生态功能插件，如雨水花园、生态草沟等；无障碍插件，如残疾人坡道、盲道等。这五大类型涵盖了城市界面空间所需的主要灵活插件元素，其特征包括置入性、服务性、多元性、特色性等。

聚集界面元素，是城市界面空间中的活动聚集节点，是让使用者停留并产生各类活动的功能空间。其空间类型可以因其功能内容而多变，并伴随时间发展和使用者的需求不断衍化出新的类型。常见的聚集界面元素有城市广场、运动健身场地、游乐场、景观平台等。其特征是具有功能性、停留性、聚集性、社交性、共享性。

在四大界面元素类型的框架下，本书整理收集了城市界面空间中常见的100种界面元素，建立了一个基础城市界面元素库，为下一步的研究奠定基础（图1-3-5、图1-3-6）。

串联界面元素　　**过渡界面元素**　　**插件界面元素**　　**聚集界面元素**

普通人行步道　　步行天桥　　入口落客点

跑道　　栈桥　　停车场

单向自行车道　　道路中央带　　沿街停车点

双向自行车道　　下穿道空间　　共享自行车点

混合非机动车道　　自行车停车点　　电动车充电站

分隔非机动车道　　公交车站　　建筑入口

安全路口　　地铁出入口　　街角空间

过街中岛　　落客点

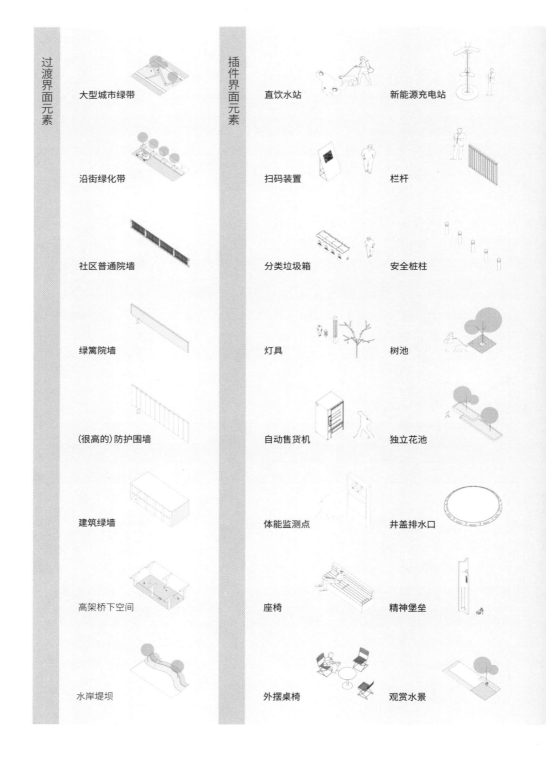

过渡界面元素

大型城市绿带

沿街绿化带

社区普通院墙

绿篱院墙

(很高的) 防护围墙

建筑绿墙

高架桥下空间

水岸堤坝

插件界面元素

直饮水站

新能源充电站

扫码装置

栏杆

分类垃圾箱

安全桩柱

灯具

树池

自动售货机

独立花池

体能监测点

井盖排水口

座椅

精神堡垒

外摆桌椅

观赏水景

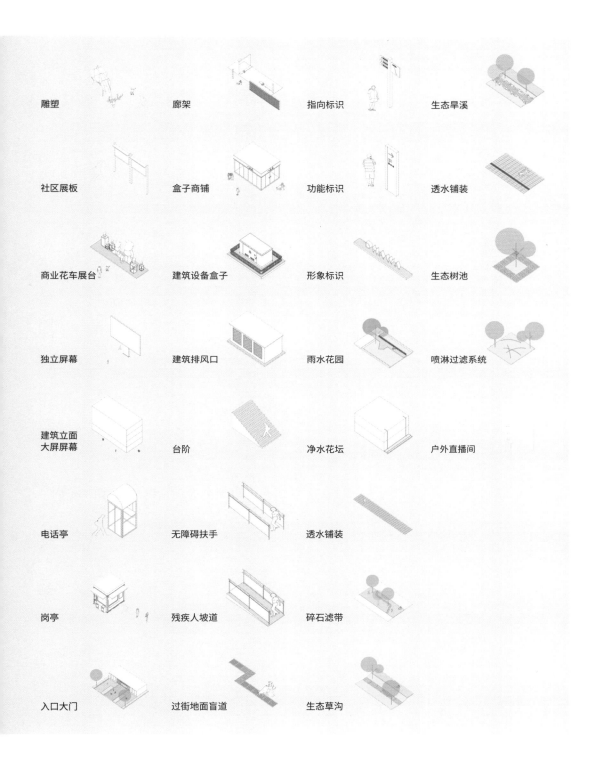

雕塑	廊架	指向标识	生态旱溪
社区展板	盒子商铺	功能标识	透水铺装
商业花车展台	建筑设备盒子	形象标识	生态树池
独立屏幕	建筑排风口	雨水花园	喷淋过滤系统
建筑立面 大屏屏幕	台阶	净水花坛	户外直播间
电话亭	无障碍扶手	透水铺装	
岗亭	残疾人坡道	碎石滤带	
入口大门	过街地面盲道	生态草沟	

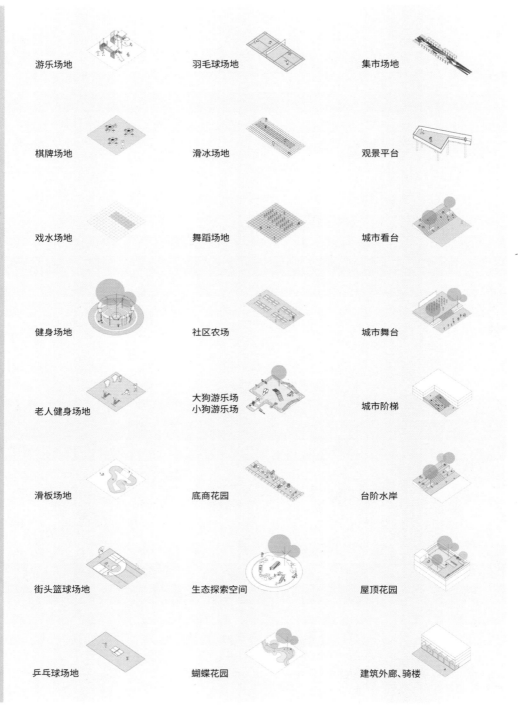

聚集界面元素

游乐场地

羽毛球场地

集市场地

棋牌场地

滑冰场地

观景平台

戏水场地

舞蹈场地

城市看台

健身场地

社区农场

城市舞台

老人健身场地

大狗游乐场
小狗游乐场

城市阶梯

滑板场地

底商花园

台阶水岸

街头篮球场地

生态探索空间

屋顶花园

乒乓球场地

蝴蝶花园

建筑外廊、骑楼

3.4
界面元素生活日志

当明确了城市界面空间包括的常见元素后，更多值得思考的问题也随之出现了，比如，这些空间和元素的现状如何？人们如何理解并使用这些空间？可以说每个人都有自己对城市公共空间的解读，一百个人就有一百个生活圈。本书希望以城市界面元素为主视角，形成一套以界面元素中人群行为、事件时间、事件地点等各个维度的实地图像为依据进行空间分析的纪实分析手法，并通过这一手法对一些常见的城市界面空间元素进行解读，以形成在元素故事中体现人群城市生活状态的"元素生活日志"。在这个记录分析过程中，对人如何使用城市界面空间的关注超越了简单的空间设计，回归到了空间元素要围绕日常生活本身这一内涵。

这个分析方法一般可以围绕三个要点展开，即现实记录、时间更替、人群覆盖。其目的在于更全面地归纳总结城市界面元素丰富的故事性，探寻不同城市界面元素之间的关系，进而深入理解人们使用城市空间的偏好与模式，以启发城市界面空间的重构方式。

需要注意的是，这一分析过程在不同的实践中将有不同的研究范围、研究人群、研究元素，以及结论成果。重要的是在具体的城市公共空间中研究不同元素之间现实已存在的空间逻辑，以及基于场地人群日常生活需求而展现的问题和契机，以此作为下一步城市界面空间重构的动机。因此，本书这一部分内容仅以研究方法演示为主要目的，阐明其研究的要义和途径，来明确如何通过对城市界面元素的有效分析来启发城市界面空间的梳理与重构。下面的两个故事，联结与百态，列举了运用这一方法进行城市界面空间的分析调研工作所形成的一些有趣的城市观察结论。

- **界面元素生活故事一——联结**

这里我们以观察城市界面空间中不同位置的相同元素的使用情况为例，展示这一纪实分析手法的观察方式，以及其结论对如何组合元素的启发和对实现城市界面空间的公共关联性的重要意义（图1-3-7，见P56—57）。

观察一：若细致观察城市界面空间中的休憩家具，会发现有的使用频率极高，周围十分热闹、人来人往，如集市场地、底商花园、建筑入口、观景平台等区域的座椅；而有些区域，如停车场周边的座椅常常空着，同样的元素却十分冷清，鲜有人问津。

这一观察给我们带来的启示是任何一个元素的价值都无法独立体现，元素价值除了与其本身所带来的优良体验相关，也在很大程度上取决于其功能和周边环境关系的紧密程度。比如，一堵美观的墙在正确的位置上可以让人们的体验更好，在错误的位置上就成了阻碍。因此，创造与邻近元素及其他设施在需求上的功能关联是城市界面元素进行组合时需要考虑的重要方面。如何在城市界面元素之间、城市界面元素与其他功能空间之间创造有意义的功能互动，和元素本身所包含的内容同样重要。这些元素之间的紧密关系为后续城市界面空间的构建带来了现实依据与设计启发。

不同城市界面元素之间的相关性，不仅需要通过观察城市中元素的使用状况来了解，还需要对人们在使用城市空间时的自发行为进行进一步的观察，以便更准确地分析人们的生活习惯对元素关联程度的影响。具体可以参考下面观察二中的内容。

观察二：在一些城市公共空间中，通过观察人们的自发行为可以了解空间中缺失的元素。例如，在一些缺乏桌椅的空间，小孩只能在地上玩游戏，老人只能找个狭窄的花台休息或打牌，外卖骑手只能在停车场的草坪上吃午饭等。这些现象都明确地表现出了在这些空间中使用者对桌椅元素的迫切需要。由于缺乏这一元素，使用者不得不忍受不舒适的体验，或占用其他空间来自发弥补空间功能的不足，这样的现象常常也会给其他功能空间带来负面影响。

这一观察给我们带来了以下的启示：如果城市空间的功能配置忽略了人们的某种需求，那么人们往往会依托现有的元素，以自发的方式在这些元素中植入新的使用功能。虽然这是城市界面元素包容性的一种体现，但是这种包容性在实际空间中是有其适用范围的。当单一的城市界面元素中出现了超越原本功能的自发性行为，并影响了其原本的功能，或是多个使用群体发生冲突时，其功能的包容性就已经到达了极限。这意味着原有的城市界面空间需要拓展，补充加入其他的城市界面元素，以形成多个城市界面元素的组合，去更好地满足各个群体的需求；也意味着加入的新元素与旧元素之间具有功能的高关联性，创造了紧密的联结关系。因此，对城市空间中这些自发行为的观察能对不同城市界面元素之间的关联性产生极佳启示。社区规划师需要在实践中观察自发行为的程度，判断是否需要增加与场地现有功能具有高关联性的城市界面元素来补充功能。这也是超联城市理论指导下的生活圈构建中理解"人本"的基础。通过界面元素关联性图示（图1-3-8，见 P58），本书示范性地总结了具有高关联性的元素，为后续城市界面空间搭建提供参考。

观察一： **高关联元素**

集市场地

游乐场地

底商花园

廊架

建筑入口

台阶水岸

观景平台

大型城市绿带

外摆桌椅

座椅

游乐场地

落客点

观察二：

需要建立关联的元素

大型城市绿带

公交车站

自行车停车点

台阶水岸

独立花池

普通人行步道

舞蹈场地

建筑入口

+

外摆桌椅

+

座椅

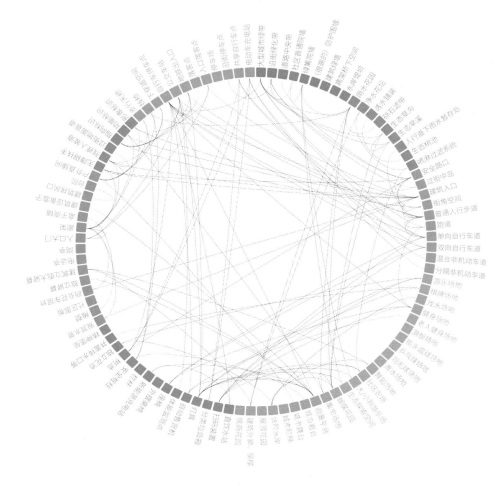

- **界面元素生活故事二——百态**

在上一个故事中，我们提到城市界面元素的包容性在实际空间中是有其适度范围的。要实现适度的灵活包容性，需要基于元素本身的特质，对功能复合性进行合理预测，对不同使用人群的需求进行协调，对使用时间进行规划，避免由于功能过度复合而带来的负面效应，如此才能让多个功能在一个元素中和谐共处。百态故事正是对这种具有适度包容性的元素的观察，这些元素是实现城市界面空间复合灵活性的关键（图1-3-9）。

观察：城市空间中的一些元素有极强的包容性。例如，高架桥下的广场空间，清晨可以作为老人的晨练场所，上午可以作为非机动车停车场，晚上可以作为青年人的滑板场地。又比如，城

高架桥下空间　　　　　　　　城市舞台　　　　　　　　　　台阶

市舞台，平时可以作为儿童游乐场地，节假日可以作为表演场地，周末又可以作为轮滑班的训练场地。这些空间的使用方式在一定程度上都是由使用者决定的，这些空间往往也是城市中的高频使用空间。

这一观察的启示在于包容性强的灵活空间元素应是城市建设时优先考虑设置的对象，以应对城市公共空间在不同时段的功能需求，以及未来的功能需求变化。元素的设计应根据社区不同时段、季节的活动变化，预先考虑其可能需要容纳的功能，比如，广场上舞蹈场地的尺寸设计需要同时考虑其周末作为临时集市场地时的摊位布局和走道设置，以及在节庆时段作为演出活动场地时的舞台和座位布局空间要求（图1-3-10）。此外，可移动的家具插件界面元素可以辅助提升空间的功能灵活性，根据空间的需求布置或移除。这样的百态空间可以在有限的范围内最大限度地服务于更多的人。它们常常是一个海纳百川的容器，抑或一个自由的平台：可以慷慨地包容各种环境变化，容纳符合时代的功能；可以适应需求的快速更迭、审美潮流的改变；可以通过元素空间的设计与自然高度融合，随季节一起变换，成为具有生命活力的空间。

以上关于超联城市理论的空间载体的具体研究，包括对城市界面空间的理论论述，以及对其组成要素的空间剖析，是自下而上的城市界面空间分析方法的逻辑演示。在实践中参考这一方法展开的具体分析和研究的目标核心依然是在以人为本的基础上，通过梳理、整合、提升城市中那些曾被忽视的联系空间，形成一个多层次并具有逻辑关系的系统。

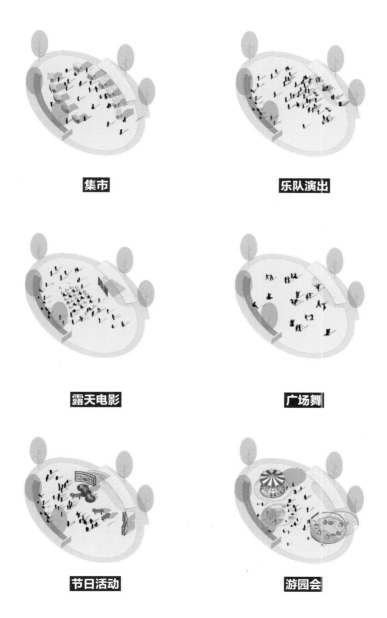

集市

乐队演出

露天电影

广场舞

节日活动

游园会

Chapter **4**

超联城市理论的规划
实践——生活圈规划
景观新模式

我们生活于感知之中。

——现象学家、爱尔兰皇家科学院院士

德莫特·莫兰（Dermot Moran）

4.1 以超联理想为基础形成的实践方法论——生活圈规划景观新模式

4.2 生活圈新模式的思维逻辑体系——超联城市理念导图

4.3 生活场景——以时空感知为基础的主题化超联框架

4.4 体验片段——以事件感知为基础的用户化超联组合

4.5 生活时刻——以环境感知为基础的功能化超联模块

4.6 生活圈新模式的项目实践流程——超联城市实践导图

以超联理想为基础形成的实践
方法论——生活圈规划景观新模式

在整合以上关于生活圈的各项议题后，本书提出了一套不同于以往的实践方法论——生活圈规划景观新模式（简称生活圈新模式）。它是一种以景观为切入点的体系化思路，强调通过对人本主义的深入挖掘以及对城市中联系空间的界限重构来进行生活圈构建与规划。这一新模式的创新性在于强调以日常中的生活感知为营造目标，让规划的技术性成为创造生活感知的辅佐。它通过实实在在地关注人在生活圈中的需求，关注生活的趣味，关注每天往来于各个目的地之间这一常被忽略的空白时段的体验，来创造一种以编排新生活模式为核心的基本规划逻辑。

生活圈新模式之所以从生活感知出发，而不是从技术性指标出发，是因为对人的感知的关注就是对生活圈本源的关注。正如本书第 2 章所述，超联城市强调的是对意识生活圈的建立，而意识生活圈的建立的本质在于在城市界面空间中创造丰富的感知体验。因此，通过创造感知进而创造更多人与城市空间的意识联系，是在城市中实现超联理想的必要途径。

4.2

生活圈新模式的思维逻辑体系——超联城市理念导图

在具体的规划实践中，要想从感知出发实现超联城市理论的两大核心理念——人本主义的城市生活理念和重构界限的城市空间理念，还需要有一套思维逻辑体系来指导两大理念在城市界面空间尺度上的具体展开。本书将这一思维逻辑体系绘制成了一张超联城市理念导图（图1-4-1，见P66）。

超联主义理念导图通过对生活圈新模式总体思维逻辑体系的概括，总结了这种新模式在城市界面空间中创造丰富生活感知的核心出发点，以此创造不同于以往的超联生活体验。可以将它看作一套适用于城市空间的语法，以明确生活圈新模式在实践中的思考流程和着力方向。

如导图中所示，这一规划思维逻辑体系的核心出发点是对生活中的感知方式进行分解与提炼，即基于人们对生活圈具体场地的时空感知、事件感知，以及环境感知进行有针对性的解读。时空感知是从生活圈片区、生活圈背景给人带来的体验这一宏观视角来塑造人对日常生活的感知的，其内容包含时代特色、地域特点、使用者的群体需求等。时空感知是人们对生活感知的基底，是其他感知的背景与底色，是生活事件发生的框架。事件感知就是在时空感知这个背景与底色上的多维度体验演变，是在同一时空背景下，不同群体在同一生活圈片区可以发生的不同事件，及其可以带来的不同体验方式，可以丰富人对日常生活的感知。

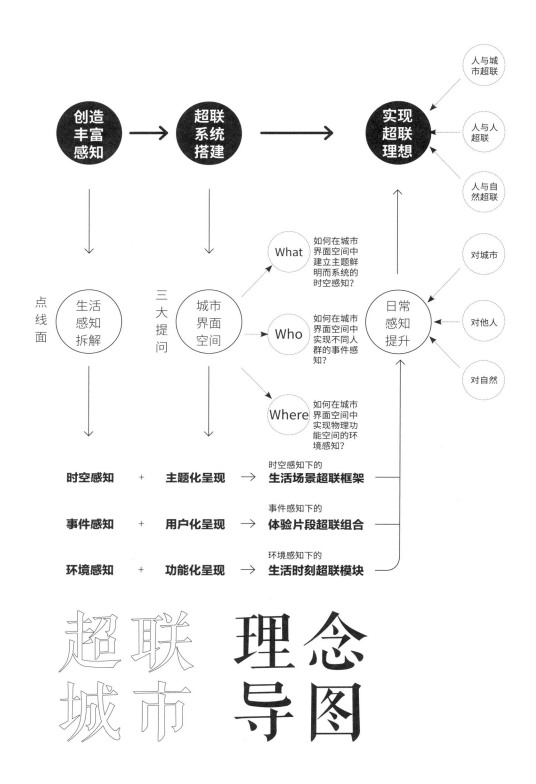

创造
丰富
感知 → 超联
系统
搭建 → 实现
超联
理想

人与城市超联

人与人超联

人与自然超联

点线面

生活感知拆解

三大提问

城市界面空间

What
如何在城市界面空间中建立主题鲜明而系统的时空感知？

Who
如何在城市界面空间中实现不同人群的事件感知？

Where
如何在城市界面空间中实现物理功能空间的环境感知？

日常感知提升

对城市

对他人

对自然

时空感知 + 主题化呈现 → 时空感知下的
生活场景超联框架

事件感知 + 用户化呈现 → 事件感知下的
体验片段超联组合

环境感知 + 功能化呈现 → 环境感知下的
生活时刻超联模块

超联城市 理念导图

环境感知是对生活圈中近人尺度的物理空间环境的体验聚焦，如空间尺度体验、色彩体验、触感体验等。它是人最直接感受到的日常生活体验单元。综上所述，生活圈新模式的思维逻辑体系，正是从以上这三个感知角度入手，明确了对生活圈丰富生活感知的追求，层层递进地实现感知的全方位丰富，进而建立人与城市、人、自然之间更多的意识联系。

要在城市界面空间中实现这三种感知，需要回答以下三个实践问题。

1）如何在城市界面空间中建立主题鲜明而系统的时空感知？

2）如何在城市界面空间中丰富不同人群的事件感知？

3）如何在城市界面空间中实现物理功能空间的环境感知？

为了进一步回应这三个问题，本书引入了生活场景、体验片段与生活时刻这三个生活圈新模式的核心出发点。通过在城市界面空间中，以时空感知为基础，构建主题化的生活场景超联框架；以事件感知为基础，解析用户化的体验片段超联组合；以环境感知为基础，置入功能化的生活时刻超联模块，共同创造丰富的生活感知，以此来实现人与城市、人与人、人与自然的超联理想，作为在城市界面空间中创造时空感知、事件感知与环境感知的媒介，以此建立实现这些感知的思维逻辑体系。这三个核心出发点分别从主题化、用户化、功能化三个方面对三个问题进行了回答。

生活场景：生活圈通过生活场景在城市界面空间中建立主题鲜明而系统的时空感知。生活场景关注的是生活圈所在区域的时间与空间属性。它以主题化的方式对不同生活圈片区的特色体验进行系统塑造，以形成主题生活情境来丰富城市带给人的时空感知。其结果是形成了统领生活圈内所有城市空间的主题化超联框架。

体验片段：生活圈通过体验片段在城市界面空间中丰富不同人群的事件感知。体验片段关注的是在已经建立的场景的统一主题下，以用户化为目标，为需求不同的人群创造不同的具体体验内容，进而让他们参与不同的生活事件，以此来丰富城市带给人的事件感知。其结果是在生活圈中形成一系列不同城市空间的用户化超联组合。

生活时刻：生活圈通过生活时刻在城市界面空间中实现物理功能空间的环境感知，它由城市界面空间元素组成。生活时刻关注的是如何从功能化的视角为某一时刻人所处的物理空间环境带来符合需求的趣味体验，以此丰富人的环境感知。其结果是形成了组成生活圈空间的功能化超联模块。

如果把生活时刻比作音乐中最基础的音符，那么体验片段就是由音符组成的和弦，而生活场景则是在对不同和弦的排列组合中诞生出的具有不同特色、风格、长短的乐章，生活圈就是由多个生活场景乐章构成的乐曲。在这一思维逻辑体系下，生活场景、体验片段与生活时刻共同组成了我们的日常生活金字塔（图 1-4-2）。

下文将围绕生活场景、体验片段与生活时刻这三大核心出发点，更详细地从具有实践指导意义的角度进行生活圈新模式的介绍，帮助读者更深入地了解超联城市这一规划工作方法论的逻辑体系及实践流程。

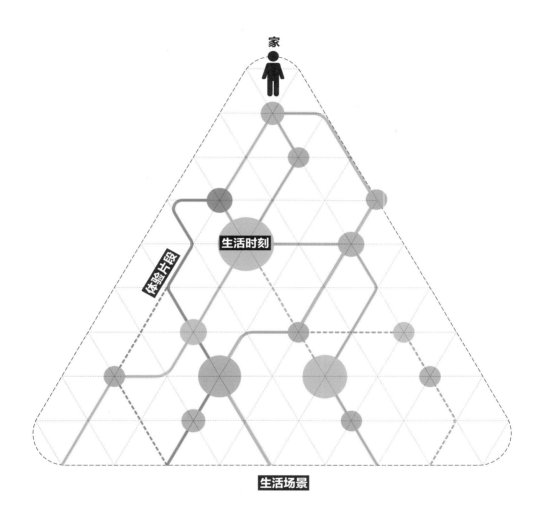

家

生活时刻

体验片段

生活场景

生活场景——以时空感知为基础的主题化超联框架

生活圈新模式中的生活场景有以下三大运用特征。

· 主题性：生活场景是主题性的生活圈片区体验，其出发点是时空背景下人对城市的感知、对人群的感知、对自然的感知

主题性意味着在生活圈新模式中，人们将会在生活圈范围内体验到不同的主题区域。它不是一个局限于单一物理空间的概念，而是一个由相关或同类主题的空间范围联系起来的生活圈片区。虽然超联城市理论探讨的范畴是城市公共空间，但在构建场景时需要纳入考虑的除了城市公共空间之外，还应包含相关联的建筑、交通设施等。场景主题的确定来自挖掘特定时空背景下人们的生活经验和对生活的理解，包括其使用者的群体需求、物理环境、社会文化、时代印记、人际关系、季节时间等，并将这些时空背景进行关联，形成主题框架，这样才能准确地概括出一个符合城市、社区及当地居民生活习惯的时空大前提，更形象地勾画出独属于区域自身的超联城市生活场景。其根本目标是在生活圈中营造主题特色鲜明、联系紧密、趣味丰富的特色场景化体验，补充、提升主题相关功能，从而激活城市界面空间，促进生活圈内部与外部城市空间的互动与融合，以符合不同人群的不同生活习惯、不同城市及社区的特色、不同自然基底的脉络，最终给城市生活带来更丰富的体验。

生活场景的主题类型根据其功能特征可以有多种可能，包括商业场景、教育场景、健康场景、生态场景、社群场景、形象场景、科技场景、文创场景、康养场景、智慧场景、办公场景等。生活圈的建设可以同时涵盖多个场景主题，复合多个场景内容。而基于特色差异、人本需求差异、空间重要性差异，在多个生活场景中可区分重点场景和辅助场景，以构成生活圈超联框架中的主次结构关系。

以教育场景的构建为例：传统的城市教育设施仅以学校为主，并未形成一个整体的主题空间框架。而生活圈新模式中的教育场景，是基于社区全龄人群对教育的渴望，对传统教育设施概念的外延进行丰富与扩展。其使用对象可以包括幼儿、学龄儿童、青少年、成人、老年人等。其内容可以包括创造丰富的文体教育资源、户外生态教育资源、全龄教育资源、安全学区硬件等。例如，在学校周边综合考虑学生上学、家长接送等行为所需要的教育主题相关功能设施、空间联系、体验感受等，在学校门口设置入口等候广场，在放学路上设置街边科普活动角、儿童口袋公园、串联学校与家的趣味跑道、安全上下学路口设施等，来补充扩展教育这一主题的外延功能。通过这些城市界面空间中的景观化植入，创造连续的教育体验，同时与其他教育相关的城市设施如图书馆、体育馆等串联，形成完整的教育场景（图1-4-3，见P72）。

· **灵活性：生活场景的空间范围需要打破局部思维，创造动态的超联框架**

在超联城市的理念下，生活场景的构造是灵活的，是一个动态的过程。它的灵活体现在其初始搭建方式不局限于固定的用

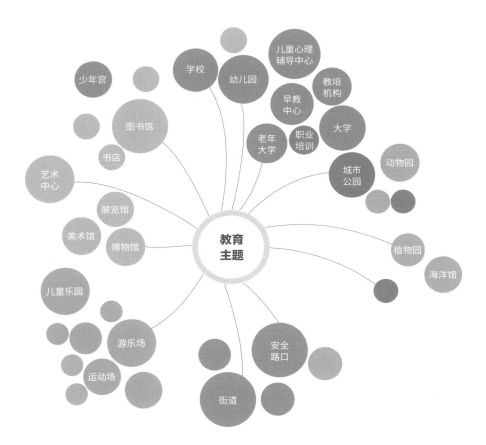

少年宫

学校

幼儿园

儿童心理
辅导中心

图书馆

早教
中心

教培
机构

书店

老年
大学

职业
培训

大学

艺术
中心

城市
公园

动物园

展览馆

教育
主题

植物园

美术馆

博物馆

海洋馆

儿童乐园

游乐场

运动场

安全
路口

街道

地红线或地块范围，而是以意识联系范围为思考边界，即同一场景的构建并不一定在同一街区、同一地块上。这种方式让地块与城市空间的联系得到升华，扩大了生活圈的舒适体验范围，把人们可感知的活动半径从5分钟延长到10分钟、15分钟、30分钟、60分钟，直至意识生活圈的边界。正如在主题性介绍中所述，它是以地块本身的主题特色及规划服务人群的需求和习惯为依据创建的，因此，其结果可能是联合不同地块共同搭建一个场景，或同一地块出现不同场景，甚至跨越生活圈联系起外部地块的相关功能。这种跳出用地红线或地块范围限制的灵活的场景构建思路，摆脱了传统规划中以街区地块功能划分为出发原点，单纯以服务半径为标准的思路所造成的不同城市公共空间之间关联度的脱节，以一种全局的视角看待局部地块与周边城市的整体关系。它将规划空间的思考范畴扩大，把地块与道路之间、地块与地块之间、地块与城市之间，这些以往由不同主体分割开进行设计或开发的社区空间通过统筹整合扩展为连续的城市界面空间，创造了一个复合的体验框架系统。其本质上是对城市资源的一次整体再梳理：对红线内外的大社区公共空间进行资源优化，通过侧重、互补、共享、串联等手法，在灵活构建场景的同时，也将这些空间融入城市的脉络基底。在实践中，这种灵活性在很大程度上需要基于城市规范法规、城市机构共同合作的可行性去实现。这也将是未来实践需要具体应对的更大课题。

沿用教育场景的例子：在依托已有的学校建立教育场景时，在学校所在的地块范围内，应争取灵活统筹用地红线内与市政道路范围内的空间，如将学校入口的设计与市政道路的主题特色进行统筹；也应尝试跳出学校地块的范围，关注与周边教育资源的接驳，串联周边地块与教育相关的一切基础城市功能设施。这些不同地块、不同属性、不同所有权的城市空间都可以是教育场景构建时的灵活参与者（图1-4-4）。

- **兼容性：生活场景是一个高兼容性的应用框架**

在超联城市的理念下，生活场景对不同的城市建设类型都具有应用兼容性。生活场景超联框架的本质是根据人群的需求、场地的条件去联通新旧、内外。因此，生活场景的搭建可以发生在新城建设的情况下，在城市新区从无到有地构建主题体验；也可以发生在旧城更新或者新旧融合的情况下，通过对与主题关联的城市空间的保留、新建、优化改造、扩容改造四种手法，在已有城市资源的基础上提升、插入、叠加主题体验，形成一个兼容新旧需求的生活场景框架（图1-4-5，见P76）。下面将结合教育场景对四种手法的定义进行说明。

1）保留：完全保留现状，比如，保留学校周边的人行道。

2）新建：在空置区域新建，或将现有设施全部拆除后新建。比如，在空置地块上修建新的学区入口广场。

3）优化改造：在保持已有空间场地范围的基础上，对局部进行改造提升，比如，保持既有普通路口的范围，对局部的安全措施进行提升优化，形成安全路口。

4）扩容改造：在保持已有空间功能类型不变的基础上，进行面积扩展，比如，将原有的校门口落客点扩建，以容纳更多的接送车流量、创造更舒适的等候环境。

在对城市界面空间进行场景规划的过程中，新功能将通过

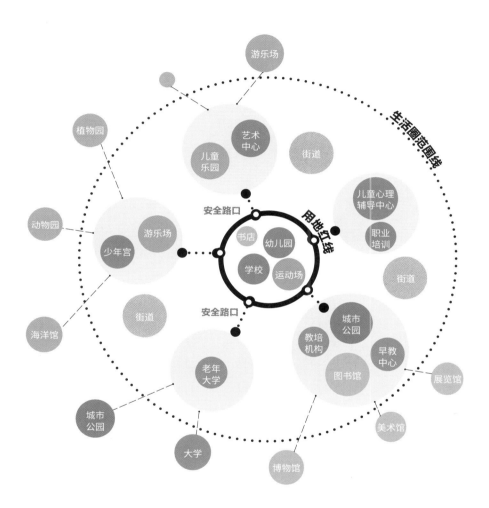

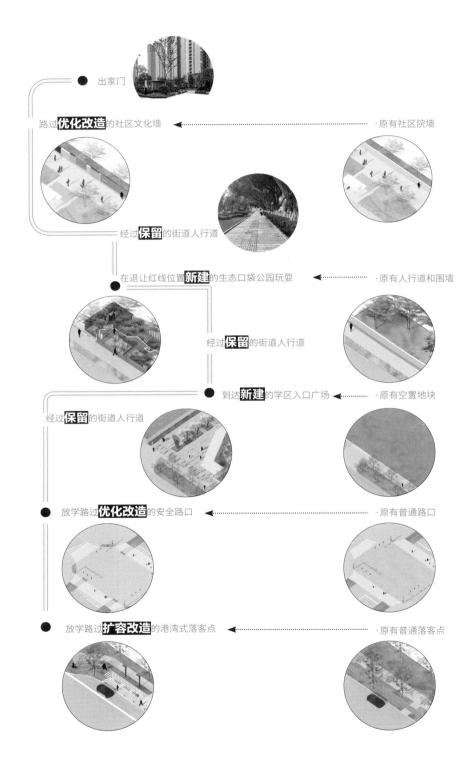

出家门

路过**优化改造**的社区文化墙 ◄──────────── ·原有社区院墙

经过**保留**的街道人行道

在退让红线位置**新建**的生态口袋公园玩耍 ◄──────────── ·原有人行道和围墙

经过**保留**的街道人行道

到达**新建**的学区入口广场 ◄──────────── ·原有空置地块

经过**保留**的街道人行道

放学路过**优化改造**的安全路口 ◄──────────── ·原有普通路口

放学路过**扩容改造**的港湾式落客点 ◄──────────── ·原有普通落客点

以上四种方法与原有城市公共空间进行融合，只要新的功能与旧的城市空间具有主题上的关联性，其服务生活场景主题的原则就不会被打破，原有的体验也将得到加强，并在城市更新中保持持久的活力。

4.4
体验片段——以事件感知为基础的用户化超联组合

体验片段关注的是在已经建立的场景的统一主题下，如何以用户化目标为需求不同的人群创造不同的具体体验内容，进而让他们参与不同的生活事件，以此来定制城市带给每一个人的事件感知。体验片段代表了不同人对生活场景具体使用方式的不同，从这个角度来说，体验片段与生活场景的关系密不可分，因此，体验片段与生活场景在构建过程中也将不断相互影响。体验片段将从更细致的层面，对生活场景初步搭建的主题性超联框架提出改进及提升的反馈，以使其更多地融合多元人群的需求，辅助确定生活圈更细致的功能选择与功能布局。生活圈新模式的体验片段有以下两大运用特征。

· **用户性**

体验片段的用户性，指的是不同的体验片段建立的根本依据是不同人群的生活习惯及需求。生活圈新模式要做的，就是在这些行为习惯之上创造相应的体验片段，为不同的使用者，在不同的时间，提供独特的日常生活体验片段，创造以不同角度体验同一个生活圈多元性的绝佳机会，引领人们在同一时空背景下参与不同的事件，积极引导生活中事件的发生。其实现方式是通过探索主题场景中体验方式的细分，研究某项日常事务及其前后相关的事件叙事模式，对人们使用生活场景时可能选择的体验路径和体验内容进行详细剖析，以此为基础创造差异化的体验，最终形成对不同人群、不同日常生活事件的编排，使生活场景的体验方式得以被用户化地呈现。超联城市理论所提倡的生活圈构建即是在这样的逻辑下，对每一个生活场景下可能存在的多样生活体验片段进行解析，以放大每一个生活场景蕴含的事件能量，提升人们在日常生活中体验到的生活趣味，实现生活感知的最大化。

下面以教育场景中的体验片段为例来说明。教育场景中的体验片段可以是以学龄儿童为主要对象的日常上学、放学片段，也可以是以退休人群为主要对象的全龄教学片段。对学龄儿童上学、放学体验片段来说，其关注的重点就是针对学龄儿童这类人群在上下学路途中的行走需求、安全需求、趣味需求。具体来说，教育场景中的学龄儿童体验片段可以是这样的：早上上学停留的学校门口落客点、进入学校会经过的学区入口广场、放学后过马路会使用的安全路口、回家路上会经过的社区文化墙和儿童口袋公园等。而教育场景中的其他内容，如老年大学等，由于不是学龄儿童上学路上的主要需求，也就不在其体验片段之中，而会出现在教育场景的其他体验片段中，比如，老年大学可以在退休人群的全龄教学体验片段中（图1-4-6）。

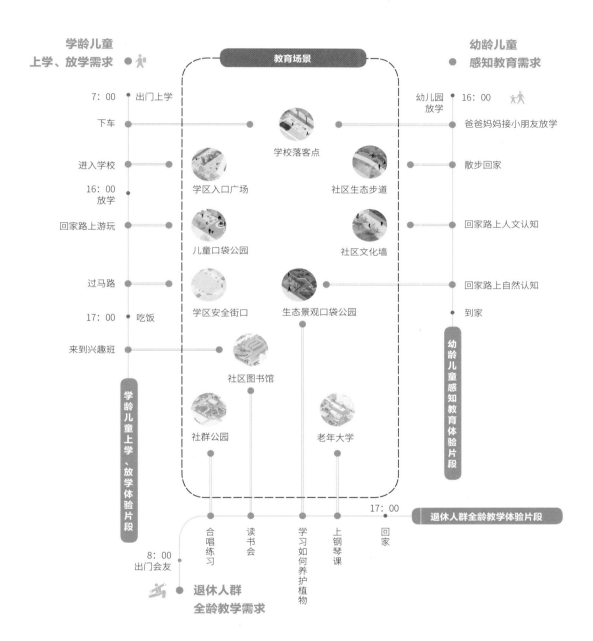

学龄儿童
上学、放学需求 🚶

教育场景

幼龄儿童
感知教育需求

7：00　出门上学

幼儿园
放学　16：00 🚶

下车

爸爸妈妈接小朋友放学

学校落客点

进入学校

散步回家

学区入口广场

社区生态步道

16：00
放学

回家路上游玩

回家路上人文认知

儿童口袋公园

社区文化墙

过马路

回家路上自然认知

17：00　吃饭

到家

学区安全街口

生态景观口袋公园

来到兴趣班

社区图书馆

学龄儿童上学、放学体验片段

幼龄儿童感知教育体验片段

社群公园

老年大学

17：00　退休人群全龄教学体验片段

8：00
出门会友

合唱练习　读书会　学习如何养护植物　上钢琴课　回家

退休人群
全龄教学需求

- **互动性**

互动性是体验片段的另一大特征。它指的是依据不同人群需求编排出的不同体验片段之间常常会发生的空间及时间上的互动交叠，进而创造出生活场景中重要的社交偶遇、人气聚集的节点。这需要深入、细致地解析社区不同人群的日常体验片段所发生的时间和空间，发掘其生活行为中相似的部分，通过合理的体验片段规划，在空间中创造功能复合的体验节点，增加互动的可能性。尽管在生活圈中不同人群的体验片段不同，但正是因为互动性这一运用特征，人群不会因为其个性的体验片段而产生分隔。互动性能让需求与偏好不同的人们在各自的体验过程中遇到多种多样的群体，促进不同人群在同一时间交会在同一空间，实现场景内部及不同场景之间的紧密联系，创造更有活力的社区，帮助社区居民产生归属感，实现人与人的超联。互动性带来的交会节点可以存在于同一场景中的不同体验片段之间，也可以存在于不同场景中的不同体验片段之间，以此在体验片段的互动中也形成了场景之间的联动（图 1-4-7）。

以教育场景为例：生态景观公园可以作为生态认知体验空间，成为教育场景中服务于学龄儿童的上学、放学体验片段的一部分，同时也可以作为社区花艺课堂的上课场地，成为教育场景中服务于退休人群的全龄教学体验片段的一部分，这样就形成了两种社区人群的互动社交聚集地。再比如，教育场景中服务退休人群的全龄教学体验片段，与社群场景中服务于全职主妇的丰富社群生活体验片段交织，在社区文化墙形成一个互动节点，创造了两种不同人群偶遇的趣味目的地，促进两者参与社区文化墙的学习、共建、讨论。

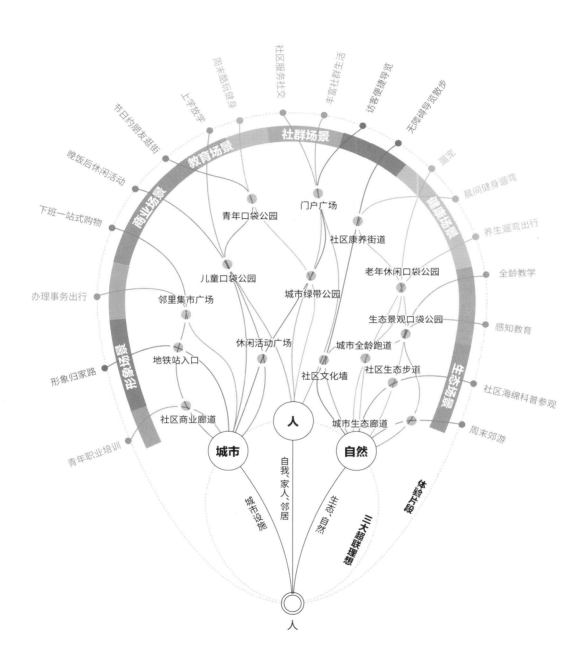

青年口袋公园
门户广场
社区康养街道
儿童口袋公园
老年休闲口袋公园
城市绿带公园
邻里集市广场
生态景观口袋公园
休闲活动广场
城市全龄跑道
社区文化墙
社区生态步道
地铁站入口
人
城市
城市生态廊道
自然
社区商业廊道

周末酷玩健身
社区服务社交
丰富社群生活
访客便捷导航
无障碍导览散步
上学放学
节日约朋友逛街
晚饭后休闲活动
遛宠
下班一站式购物
晨间健身遛弯
养生遛弯出行
办理事务出行
全龄教学
感知教育
形象归家路
社区海绵科普参观
周末郊游
青年职业培训

社群场景
教育场景
商业场景
邻居场景
形象场景
生态场景

自我、家人、邻居
生态、自然
体验片段
城市设施
三大超联理想

人

4.5

生活时刻——以环境感知为基础的功能化超联模块

生活时刻是体验片段上最基础的空间单元，不同的生活时刻在不同的体验片段的串联下组成生活场景。而基于上文体验片段的互动性逻辑，同一生活时刻模块不局限于在一个场景中使用，因此，生活时刻与生活场景之间并不是严格的包含关系。

它是生活场景、体验片段、生活时刻这三大核心出发点中的终端空间体现，关注的是如何以功能化的视角为某一时刻人所处的物理环境带来趣味体验，所以称为"生活时刻"。它可以是一个街边的口袋公园、一个共享自行车站点、一个学校门口的趣味围墙等。从本质上来说，生活时刻就是生活圈构建的物理空间单元，是城市界面空间的具体建设内容。基于这种单元化的思路，本书在第二部分运用参考手册中构建了一系列在不同场景主题下可置入的生活时刻模块，以展示生活圈新模式下生活时刻的不同可能性，并使其可以尽量适用于多种城市条件，作为生活时刻的空间示例。

在超联城市的理念下，每一个生活时刻的设计都是基于一定的主题功能来进行的：通过在串联界面元素、聚集界面元素、过渡界面元素、插件界面元素这四种城市界面空间元素类型中选择与其主题功能相关的一种或者多种元素，组合成为满足通行、活动、分隔、设施完善等一系列功能需求的生活时刻空间（图1-4-8）。在这种组合中，用上一章提到的纪实分析手法得出的结论，是生活时刻构建的重要依据。

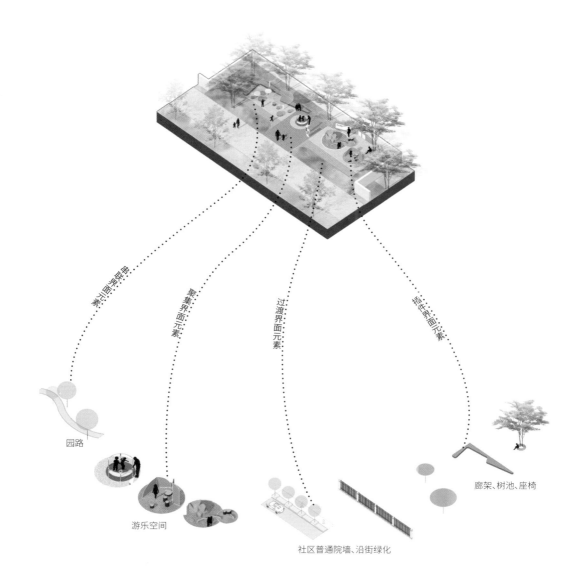

园路

聚集界面元素

游乐空间

过渡界面元素

社区普通院墙、沿街绿化

廊架、树池、座椅

由于生活时刻模块的开发主要是为了适用于城市界面空间这一集约型城市空间，与常规的公园等传统景观空间的设计相比，生活时刻的功能设计需要强化其功能的复合性，来应对城市公共空间尺度局限的条件，以实现多元人群需求的最大化满足、均衡各类人群的日常活动空间的目标。例如，在儿童口袋公园中，应考虑幼儿、小学生、中学生这三种人群的不同游玩需求，复合化设置适合幼儿的感知游玩功能、适合小学生的游乐作业功能，以及适合中学生的探索体验功能。在具体的空间设计中，可以通过多种方式，如创造复合功能的大空间或一系列单一功能的小空间来实现这种复合性。例如，可以设置符合这三种目标人群需求的功能混合的口袋公园，也可以设置由符合三种人群游玩需求的功能独立的小空间组合成的口袋公园。在生活时刻设计中，应通过考虑社区生活圈的人口密度、活动类型、活动场地的空间大小需求、空间特质需求等方面来提升空间未来容纳多元功能的复合性（图 1-4-9）。

同时，生活时刻的设计还应强调对功能细节的关注，即从空间布局、使用方式、材料、植物等近人尺度的要素出发，去创造丰富的环境感知。

4.6

生活圈新模式的项目实践流程——超联城市实践导图

在了解了生活场景、生活场景中包含的不同体验片段，以及由体验片段串联起的一系列生活时刻这三个生活圈新模式的核心出发点之后，本书将进一步论述生活圈新模式的实践流程，以指导在实际项目中如何运用这三大核心出发点来完成超联系

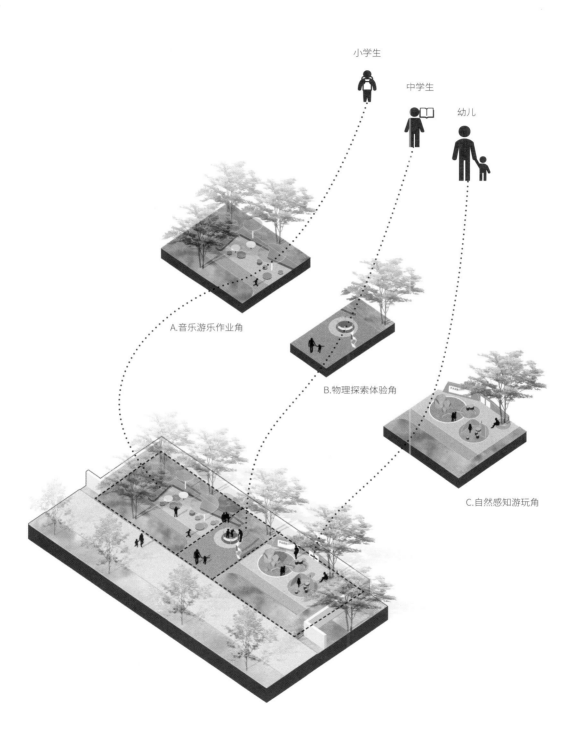

小学生

中学生

幼儿

A.音乐游乐作业角

B.物理探索体验角

C.自然感知游玩角

统搭建的工作。

在展开具体的生活圈新模式的实践流程之前，首先需要说明的是其实践的适用范围及阶段。本书提出的生活圈新模式可灵活、广泛地应用于以城市公共空间为规划设计范畴、以生活圈提升为目标的改造及新城建设项目。其逻辑体系适用的项目尺度包括小尺度的地块界面提升、中尺度的街区改造，以及大尺度的城市片区规划。其阶段适用范围包括在城市片区规划的早期，以系统性为出发点，构建具有逻辑性的整体生活圈规划结构；在城市片区建设的中后期，通过生活圈新模式的灵活性视角去反向统筹，再梳理，查漏补缺；在已完成生活圈建设的城市片区，依据生活圈新模式的兼容运用逻辑，基于新出现的需求进行更新迭代。在整个项目过程中，生活圈新模式可以帮助相关决策机构以超联城市理念的视角，评估场地核心资源、价值潜力等影响因素，以确立生活圈构建的重点发力方向、提供生活圈项目关键点的决策逻辑、指导生活圈功能及空间的布局、帮助梳理生活圈开发运营的进程管理等，最终实现对建设的具体计划的统筹。本书提出了一份超联城市实践导图，以指导生活圈新模式在具体项目中的实践步骤及方法（图 1-4-10，见 P88—89）。

在具体实践中，首先要明确项目在构建生活圈方向上的核心愿景——最终要建立一个什么样的生活圈。这一方向应当是在超联城市理论的整体大目标的基础上结合在地需求来确定的，即在人与城市、人与人、人与自然的超联体验最大化的基础上，以当下生活圈可以建设和统筹的范围为主要载体，根据不同建设方与群众的需求，以及场地现有资源条件，制定符合项目发展的侧重点。对于使用者，规划师需要倾听需求，再反馈引导；对于城市，规划师需要理解城市的发展进程，明确区域的发展目标；对于自然，规划师需要理解场地如何与自然共存，自然的进程又如何影响未来的生活。这样才能实现具有自身特色的超联城市目标。核心愿景的确定，需要建立在清晰的开发初期分析基础之上，因而开发初期分析应尽量对各项条件进行多视角整理，其范围十分广泛，包括用第 3 章提到的纪实分析手法进行人本分析，如人群需求、生活习惯、家庭组成、日常行为等；用地条件政策分析，如用地性质、用地条件、开发政策等；片区资源条件分析，如自然、交通、商务、教育、文化历史资源等。以上三个分析类型还应强调将分析范围拓展至意识生活圈的边界，而不局限于用地红线范畴，这样才能真正体现超联城市的核心理念，即在物理层面上创造日常生活联系的维度——重构界限的城市空间理念。

在有了明确的生活圈核心愿景及完善的开发初期分析之后，下一步需要制定超联策略，将核心愿景以实际可行的方式有计划地实现。超联策略的制定，包括明确价值切入点和建立超联空间结构两个步骤。生活圈的价值切入点是实现核心愿景的指导性纲要，其关键点在于如何根据生活圈愿景与初期分析，总结提炼出场地的价值独特性，从而制定出一个能够满足未来人群需求、充分利用场地及周边城市现有资源、符合整体政策方向而又独具特色的发展切入点。超联城市理念下的生活圈价值切入点应通过强调人本主义和创造联系，使场地的核心价值最大化，发挥场地的优势，激活场地甚至周边城市的潜力，辅助生活圈统筹规划，最终实现使用者、开发者与城市发展的共赢。

核心愿景

开发初期分析

拓展分析范畴：
分析范围不局限于红线范畴，通过多视角进行分析

纪实手法人本分析：
不同年龄的人群需求、生活习惯、家庭组成等

用地条件政策分析：
用地性质、用地条件、开发政策等

片区资源条件分析：
自然、交通、商务、教育、文化历史等

价值切入点

抓住场地的独特性，发挥政策导向性，找到目标人群对于生活最根本的需求与渴望

超联空间结构

轴线、节点、分区，如界面框架、功能空间框架、生态框架、交通框架等

体现价值切入点，整合地块结构与周边关系，引进城市资源

场景主题构建

6+生活场景
健康场景、形象场景、生态场景、商业场景、教育场景和社群场景等，可选择或构建新场景

场景功能内容
初步确定各个场景的功能内容

场景空间布局

4大原则

1.场景应依托核心主题建筑及设施布局

2.场景应灵活联通社区内主题体验

3.场景应兼容新旧城市空间

4.场景应灵活联通城市主题体验

超联实践城市导图

本书手册部分

实现超联理想

人与城市超联
人与人超联
人与自然超联

超联系统搭建

⇑

N+生活场景
根据人的需求及不同
区域的空间特色

N+体验片段
如商业场景：社交性购
物、归家购物、目的性
购物等体验片段

根据场景主题确定体验片段主题
根据场景布局影响体验片段空间

生活场景超联框架

根据体验序列调整场景主题功能和布局

体验片段超联组合

根据场景主题选择生活时刻模块类型
根据场景空间布局置入生活时刻模块
根据体验片段完善生活时刻模块功能
根据体验片段调整生活时刻模块布局

生活时刻超联模块

选取模块

根据各类人群需求选择模块
根据特色体验选取特色模块
结合现状或改造条件灵活选择模块或调整模块
根据服务半径补充服务不足

定制设计

根据实际需求，参考手册导则，自
行构建或设计独属于每一个场地的
实际空间

在明确了生活圈的价值切入点之后，下一步应从空间技术的角度确立生活圈的超联空间结构，以在理论策略的基础上完善物理空间层面的策略，形成最终可以演化为实际空间成果的双重规划指导。在场地特色与核心愿景的基础之上，建立超联空间结构的关键点在于，以城市界面空间为主要规划对象，通过建立统筹片区的结构，发挥场地特色，形成场地重要城市界面空间的轴线及节点、分区等，最大限度地整合地块结构与周边关系，进而引进城市资源。其层级复杂程度与场地尺度、功能复杂性相关。具体内容可以包括城市界面空间的功能结构、生态结构、交通结构等，以实现从空间联系、资源联系、文脉联系多层面建立生活圈的整体空间逻辑与结构。超联空间结构的搭建逻辑与传统规划逻辑相似，然而其特殊性在于以景观为主要出发点、以城市界面空间为主要关注区域，并更加侧重场地与周边城市资源关系的梳理，以及对前期分析中得出的人的需求的呼应。

这两个步骤互相关联、互相影响，价值切入点的确立会直接影响项目适用于什么样的空间结构，而在建立超联空间结构的过程中，其与场地现有空间结构的适配度也会反过来影响价值切入点的精准程度。

超联策略明确的价值切入点与超联空间结构，会在主题构建和空间构建两个层面引导下一步生活场景、体验片段与生活时刻这三个核心出发点的实践，最终实现生活圈的超联系统搭建。生活场景、体验片段与生活时刻这三个工作内容在实际规划中，不是固定的单向步骤，而是在构建过程中会相互影响的复合工作流程。生活场景与体验片段在主题构建及场景空间布局上会相互影响，而两者一起又将共同影响生活时刻的构建。超联系统搭建的具体步骤如下。

第一步是场景主题构建，明确场地需要重点营造哪些类型的主题化场景。主题场景类型确定的主要依据是超联策略中的价值切入点和超联空间结构，这两者共同形成了场景搭建的时空背景。

第二步是确定每个主题化场景由哪些功能内容组成。这一内容应首先基于超联空间结构，统筹场地现状范围内已有的相关主题功能，然后对每个主题化场景进行体验片段的分析与拓展——根据不同人群生活调研得出的生活习惯，解析在同一场景主题下，不同的人群会产生哪些具体的使用方式，并根据这些使用方式，在现有功能的基础上补充相应的城市功能空间——以此来确定场景完整的功能内容组成。因此，生活场景与体验片段的构建是相互作用的过程。其中场景的主题决定了体验片段的主题，而体验片段主题扩展出的城市空间需求，又为场景主题的合理性提供了新的思考视角。可以说，场地主题的功能内容细化，是对生活圈生活场景与体验片段协同考虑的成果。

第三步是对不同主题的场景进行空间布局。场景的空间布局需要对城市界面空间中不同区段或节点进行主题定义，确定场景所在的大致范围，并梳理出场景内空间重要性的层次逻辑。这一步并不涉及场景内部具体的空间设计，其要点在于对同一场景内部的城市界面空间进行联系、梳理，从规划层面构建场景逻辑，以全局思路进行思考。这一过程同样须与体验片段相互作用，体验片段的建立应综合考虑人群活动轨迹以及场景的空间结构，而场景的空间布局也应基于体验片段的内容进行调整，以让其功能内容的空间布局符合不同人群的体验片段需求。在具体实践中，场景空间布局还应基于前面提到的生活场景系统的三大运用特征——主题性、灵活性、兼容性，并符合以下布局原则：1）依托核心主题建筑及设施布局；2）灵活联通生活圈内主题体验；3）兼容新旧城市空间；4）灵活联通城市主题体验（图1-4-11）。

最后，以上生活场景和体验片段的工作将共同影响实体化生活时刻的选择和布局：先根据场景主题和体验片段确定生活时刻的类型及具体功能，再根据场景的空间布局和体验片段的串联逻辑在生活场景中置入已确定类型及功能的生活时刻，最后基于以上综合考虑引导空间的具体规划设计，形成体验美好生活的城市界面空间。

针对生活场景、体验片段和生活时刻这三个核心出发点，本书不仅提供了实践的理论指导，还在本书第二部分"生活圈规划景观新模式运用参考手册"进行范例空间示意及导则说明，为其实践提供更具象的运用参考。

要实现超联城市，不仅需要探讨实践策略本身，也需要进一步延展思维，反思与超联城市理念相关的一系列当下及未来的城市问题与发展契机，更全面、更贴合实际地探究实现超联城市目标的过程中需要统筹考虑的问题、需要抓住的机遇，以及需要调和的矛盾，因此，在下一章将进一步分析生活圈新模式应对这些城市挑战的策略和重要意义。

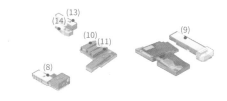

· 依托核心主题建筑及设施布局

(8) 幼儿园

(9) 中小学

(10) 四点半课堂

(11) 社区图书馆

(13) 社区大学 / 老年大学

(14) 社区服务中心

· 灵活联通生活圈内主题体验

安心接送动线

S2 学区入口广场

S3 落客点

S4 安全上学路口

素质探索机会

(15) 社群公园

S1 儿童口袋公园

N2 社区文化墙

E2 生态景观口袋公园

E3 社区生态步道

优质教育资源

(8) 幼儿园

(9) 中小学

(10) 四点半课堂

(11) 社区图书馆

(13) 社区大学 / 老年大学

C3 屋顶花园

· 兼容新旧城市空间

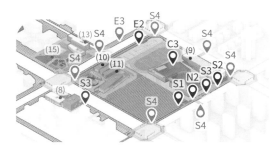

优化改造

(15) 社群公园

S4 安全上学路口

E3 社区生态步道

扩容改造

S3 落客点

保留

(8) 幼儿园

(13) 社区大学 / 老年大学

新建

S1 儿童口袋公园

S2 学区入口广场

S3 落客点

C3 屋顶花园

E2 生态景观口袋公园

N2 社区文化墙

(9) 中小学

(10) 四点半课堂

(11) 社区图书馆

· 灵活联通城市主题体验

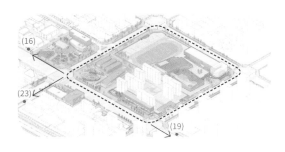

(16) 体育馆

(19) 周边社区

(23) 城市生态廊道

超联城市理论的
价值瞻望

5.1 社区理论提升与实践

5.2 以灵活有机的新模式推进改旧融新

5.3 重构公共与私密的边界

5.4 超联共建更平等、贴心的城市

5.5 以地域性元素为未来城市增色

5.6 以生活圈为城市生态体系的基础单元

5.7 滑动线下生活的滚轴

当人们跳出一些曾被默认为理所当然的概念，以全新的角度去认识周边平常的事物时，常常会有新的发现。因而，在了解了生活圈新模式的规划理念与实践细节之后，通过打破传统城市社区空间的界定，以超联城市理念的新角度去审视生活圈建设，便能够找到新的社区发展契机。这一过程会帮助我们看清当下的生活圈建设中的种种空间或功能的缺位，以及随着社会发展，生活圈建设将面临的挑战和机遇。本章将从国内现有社区理论、旧改融新、公共与私密的边界、平等城市、地域元素、生态气候安全，以及科技发展对城市空间带来的挑战等相关内容出发，在超联城市理论及实践方法明确的基础上，对这些挑战及问题的应对策略和重要意义进行浅析，回答这套系统能为城市及人们的日常生活解决哪些问题，带来哪些改善，帮助我们抓住哪些机遇等。

5.1
社区理论提升与实践

近年来，"社区"成了中国城市建设的主流词语。诸多社区理念以建立社区政策导向为起点，自上而下地阐述了社区建设的政策纲要，这类理论为初步的社区实践奠定了基石。然而，其中大多数理念仅停留于对政策或策略层面的探讨，其内容与实践指导之间缺乏具体空间措施，以及规划技术体系的指导，无法更具体地引导社区的实际规划建设。2019 年以来，浙江省提出建设未来社区，并且落实了一系列社区实践。于2021 年出版的《未来社区：浙江的理论与实践探索》一书，更具体地分析了上层社区政策之下，如何建立更明确的社区策划、实践指导。其对于社区理论实践的重要推进作用在于从人本出发，根据人群的生活需求，对社区场景进行分类，对设施的具体需要进行导则的制定。然而，其内容也有一些不足。一是缺乏对联系动线的关注。如将其内容与本书提出的生活圈构成三要素来进行比对，《未来社区：浙江的理论与实践探索》主要从人与目的地出发，整理了人对目的地的需求、对目的地活动策划的需求。二是该书以确立功能的指标和标准为主，缺乏整体、系统的空间层面的构建理论指导。三是提出的大部分建设指标是以城市建筑为核心出发点，这一思路与本书提出的从城市界面空间出发，从景观出发，创造感知、编排生活，有根本的思路差异。以上这些问题在众多社区生活圈理论中都较为常见。本书提出的超联城市，强调提升城市公共联系空间，围绕人的活动构建新型生活圈。而在此理论基础之上提出的生活圈新模式，通过超联理念导图详细地制定了这一实践方法论的思维逻辑体系，同时明确了实践的三个核心出发点——生活场景、体验片段和生活时刻及其实践运用思路。此外，本书还针对如何在项目中具体运用这套规划新模式提出了超联实践导图，为生活圈实践者提供了明确的从理论到实践的指导，其出发点与侧重点填补了在社区生活圈理论和实践中极其重要却暂时缺失的部分。

以灵活有机的新模式推进改旧融新

在过去二十年的城市开发进程中，中国城市在理性规划与自由生长的混合力量下成长着。随着城市的发展，城市中心的负荷不断增大，单一旧核心逐步扩张为多个新核心，最终让多片区交织为大都市圈网络。在这样前赴后继的城市建设中，住区不断迭代，新变旧成了不可阻挡的趋势。虽然有局部片区在不断地迭代更新（多发生在核心区域），但也有片区逐步停留在了年代印记中。随着人们对"新"的追求——新城、新目的地、新社区，城市更新、旧城改善的需求也越来越多。这些老旧片区中不乏有特色或者历史价值的城市区域被发掘，进而被包装成为热门文化街区。而那些普通又无处不在、没有特殊到被定义为具有历史保护价值、品质不佳的年代城市空间往往被忽视。这些空间中，有一大部分是承载着普通居民日常生活的社区，在城市更替变迁中一直保持着原有的样子。从城市空间的角度来看，它们中的大部分虽然有着现代城市的空间容貌，却由于建设年代较早，缺乏社区营造的统筹理念、必要的社区服务和硬件设施，而无法满足当代人生活的诸多需求，比如，没有舒适宜人的街道设施，没有便捷可达的休闲空间等。这类城市空间的价值大多在于便捷、核心的地理位置，比如，靠近城市中心、毗邻工作娱乐目的地等。有些旧社区尽管破败却还未彻底衰落，所以租售价格相对便宜，成了城市新来客的落脚点，如许多城市的城中村。但是由于片区体验不够舒适，也有不少人搬到新城定居。这些片区常常呈现出一种新旧混合的空间肌理——一种叠合了不同时代、功能错杂、面貌零散的魔幻拼贴状态，亟待在未来的工作中得到整合、提升、连接。在当下某些城市，也可以预见在未来的更多城市，随着城市的半径增长逐渐达到极限，城市化扩张逐步放缓，城市建设的目标以及人们关注的方向会再次回到这些已有的年代城市空间。只有当城市给这些老旧社区以人文的关怀，为其注入新的社区血液，不随意抛弃那些旧的城市区域，城市自身才能保持持久新鲜的灵魂，才能真正走上长盛不衰的道路。改旧融新是百年城市文脉积累的源泉，通过新的社区营造让当下旧城市片区焕发新的活力是超联城市的重要关注点之一。

超联城市理念下的生活圈新模式在旧城更新的实践中有两大优势。首先，生活圈新模式为旧城更新提供了一套严谨的改造评估依据。其构建生活场景、体验片段、生活时刻的思路，与本书运用参考手册部分展示的具体空间示例，共同建立了一个基础社区模型，可作为评估旧城区域设施完善程度、生活方便程度的参考标准。同时，生活圈新模式中展现的突破地块边界、重构城市界限的思路，将旧城更新放到与周边城市的关联中思考，以便在改造中以更广阔的视角去构建更优化的片区城市关系。其结果是在具体的实践中，在结合了对旧城居民的需求分析调研之后，通过参考本书提出的基础社区模型，并运用这种突破性思路，可以更好地确定对旧城现状保留与改造的依据，为后期的改造带来明确的方向，让生活圈的营造既尊重老居民的生活习惯与需求，又具有融合未来生活的延展性。

其次，生活圈新模式用最具人本关怀的方式，通过景观这一软性介质，改善旧社区的功能设施，丰富居民日常生活体验。生活圈新模式具有极强的兼容性、灵活性，可以很好地应对旧城改造中场地条件复杂、项目边界不固定等情况，允许旧城更新项目灵活地选择合适的生活场景，搭建需要的体验片段，插入适用的生活时刻模块。这一工作方法通过对生活场景中兼容性的强调，以保留、新建、优化改造、扩容改造四种手法，更灵活地提升旧城城市公共空间。同时，生活时刻的功能性与组合性特征也创造了灵活的更新方式。这让城市旧片区更新成为一个有机的过程，在旧的使用空间上以居民的生活习惯为基础对生活进行扩展，在既有城市公共空间的肌理之上叠加新的内容，而不是从零开始进行全新的构建。

这两大优势将为旧城改造带来新的思路。在旧城改造初期，参考本书的内容，结合场地进行相关纪实分析，深入了解社区居民的需求、场地的政策及资源，据此来明确可以实施的生活场景、体验片段与生活时刻模块。然后，结合现有建设情况，决定如何在场地上融合新旧，实现这些新的场景功能需求，形成未来生活圈。比如，在改造项目中，为了更好地构建完整的场景体验，可以在创建教育场景时，将小孩喜欢去的旧社区公共空地优化改造为一个儿童口袋公园，以形成联系周边学校学生的放学社交据点，创造符合人群日常需求且具有活动关联性的场景空间；或是基于居民对生态场景的需求，对已有的狭窄街道进行生态扩容，以构建更完善的生态场景，提升街区的生态氛围；也可以在创造商业场景时，保留现有情况较好的商业设施，将其与新商业设施串联为一站式购物体验片段，放大其体验价值。这其中重要的是以生活圈为思考范围，进行灵活多点的"点线面"改造，最终叠加形成新旧融合的连续城市界面空间。在类似的实践中，以超联城市理论为指导，改旧融新可以有无数个独特的命题作文，其精髓在于围绕旧城当下居民、未来居民的生活需求，旧城已有的肌理元素和未来需要应对的城市挑战，灵活地运用生活圈新模式。

5.3
重构公共与私密的边界

　　社区在发展的进程中经历了封闭式社区、开放式社区等多种方式的尝试。这些转变源于人们意识到围墙是一把双刃剑，过度的围合导致城市公共空间的割裂、社区的分化与活力的缺失，而完全的开放又带来安全性较低、维护管理困难等诸多问题。城市建设依然在寻找所属权的最佳平衡点。本书旨在重构私密与公共的边界，在城市公共空间和用户私密空间二维对立的基础上创造第三层社区共享空间，即城市界面空间。尽管它具有公共性，然而其主要使用人群依然是周边社区的居民，其管理依然是基于生活圈单元，其属性其实是介于公共空间与私密空间之间的。而要进一步探讨公共与私密的边界，则需要从人对公共与私密的需求和城市资源的集约型利用这两个方面来分析。

　　从人本主义的角度来说，生活圈人群对私密性的追求和对公共性的追求是应当被同等对待的诉求。在某些情况下，生活圈人群需要一定的私密性，比如，在使用住宅、办公、学校等设施时。这是保证其必要的生活、工作和学习安全、顺利进行的基础。这也是全开放式社区在后期运营中遭到投诉较多、管理困难的原因。而如果把使用主体放在一个更大的背景下，在使用其他城市空间时，其对公共性的诉求又多于私密性，希望可以共享到更多的城市空间、获得更多的社交机遇。其根本是人对不同生活圈功能的私密性与公共性的包容度不一致。当希望外界影响较小时，人会倾向于私密性的加强；当希望能够更多地互动与相互影响时，就会倾向于公共性的加强。这种影响包括行为、声音、视线、空间品质、空间容量，等等。无论私密的功能处于公共空间，还是公共的功能被安排在了私密空间，都会带来使用者的不满。因此，要解决这一矛盾，就需要分析不同功能需求的具体特性，并基于功能的干扰特性来决定其公共性和私密性。在第 3 章中城市界面空间的超联特征"公共关联性"中提到"超联城市强调在城市界面空间的创造中去重构其边界，重新定义围墙的范围、软化生硬的红线以建立合理的生活圈共享边界，探究围墙内外空间的人本特质，让其功能内容符合人群对私密和公共的需求特征"。因此，在生活圈新模式中，对城市界面空间中功能的安排，是基于人群对空间的公共及私密程度的感知进行的。通过将适合共享的空间放到城市界面空间中，将偏向私密的空间保留在围界之内，并根据公共空间的容量需求灵活地形成凹凸的边界，将围界本身也进行软化，来提升城市界面空间的体验。同时，在生活圈新模式的生活时刻模块的配置中，也首先强调功能的公共特性。例如，在青年运动口袋公园的设计中，考虑设置一些具有公共性的大球运动，同时减少吵闹的运动设施对私密空间的影响。而在围界的考虑中，通过设置文化墙、公约墙、花园院墙等，将围界提升为可体验的公共空间，减少其作为屏障的消极影响。这些具体的措施都应该基于对在地人群的具体调研来决定。

从城市资源的集约型利用来讲，很多城市公共设施由于管理方式固化，并未被充分利用，例如，学校的运动场地，在暑假及放学时间都处于闲置状态。如果能通过灵活的管理手段将这些空间也加入城市界面空间这一第三层社区共享空间中，将大大提升资源的利用率。例如，在学校的运动场地周围设置双层围界，在上学的时候关闭外侧围界，让设施仅供学生使用；在放学之后开放外侧围界，供社区使用，同时关闭内侧围界保证学校其他区域的安全性。这需要学校和社区协同管理这一运动场所，其安全管理、卫生清洁、场地维护等各个方面都需要健全的协同管理体制来实现。因其可行性极大地依赖于社区的管理机制和安全因素，所以未在本书的运用参考手册中提及，但这依然是一个值得探讨的话题。只有运营机制足够科学合理，才能够真正地将越来越多的资源放到第三层社区共享空间中，实现社区集约利用的最大化。

以上两大措施的实行将找到社区开放与封闭的最佳中间点，通过城市界面空间这一第三层社区共享空间来构建在现实中切实可行的共享生活圈新模式。

5.4
超联共建更平等、贴心的城市

在本书的理念架构中，以人为本是超联城市理论的核心理念之一，人也是生活圈的三要素之一。生活圈新模式强调生活圈的建设需要贴心、平等地关怀每一类居民，并在多个层面将这一诉求融入规划的思路与细节之中——人群的细分引导了生活场景的主题导向、体验片段的组合方式，以及生活时刻的功能及设计导向。为了实现这一目标，下面的几个议题是在生活圈新模式中需要重点关注的。

· **强化对人行道所有权的社区关怀**

设置城市人行道的最初目的是为行人提供一个安全的步行区域，然而观察当下的城市人行道，不难看出它正在受到双重挤压。首先，是来自非机动车的挤压，当没有设置非机动车道，或非机动车道安全性不足时，非机动车不得不越过路沿石进而挤压人行道空间；其次，由于城市界面空间容量的不足，一些停留性活动对象如摊贩、驻足人群等也在挤压人行道的通行空间。在适度的情况下，这些停留性活动增强了街道的活力，但在空间有限的情况下，它们会让行人无法通行。因此，许多人行道的有效行走空间严重不足。不仅如此，在某些时候，街区尺度过大还会导致过马路不便等问题，进而使步行体验更糟糕。因此，生活圈新模式通过多种手段，来创造更舒适、安全、便捷、连续的城市步行体验。这其中提到的非机动车带来的挤压问题，其根本的解决之策在景观规划设计层面之外，需要协同市政部门基于现状对道路分流及容量进行提升，同时需要交通法规的协调。而第二种情形则是在生活圈新模式的规划解决范畴之内。超联城市理论提出的城市界面空间体系即是在分析这种对街道空间容量需求的基础上，突破用地红线对传统规划思维的限制，引导在合适的空间设置更符合人群需求的功能，比如，根据人群需求在适当区域设置街角广场、口袋公园、休憩空间等，进而保证人行道的有效行走空间不受其他街区功能的负面影响；同时，通过有体系性的节点空间的功能植入，提高人行道的人气，创造生活圈趣味节点；再通过多样的过马路方式，如天桥、过街中岛、街区路中斑马线等，提供连续安全的步行体验。如此有计划的城市界面空间整合才能更好地满足人行道上每一个使用者的需求。

- **强化对特殊人群的社区关怀**

　　根据中国人口经济学专家梁建章等在 2023 年发布的《中国人口预测报告 2023 版》，中国预计在 2032 年左右进入 65 岁以上人口占比超 20% 的超级老龄化社会，之后持续快速升至 2050 年的 32.54%、2060 年的 40.17%，企稳一段后将再度上升至 2078 年的 50.39% 并继续上升。[1]面对如此巨大的人口结构变革，城市生活圈是否做好了迎接的准备？在当下的城市公共空间中，是否已经为这一群体匹配了相应的功能空间需要？与之相关的城市残障特殊人群，他们的需求在城市公共空间中是否被充分关注？这些都是生活圈建设一直面临并且亟待解决的重要问题。生活圈新模式不仅关注普通人体验的提升，也关注特殊人群体验

---

[1] 《中国人口预测报告 2023 版》，育娲人口研究，梁建章、任泽平、黄文政、何亚福，https://file.c-ctrip.com/files/6/yuwa/0R70l12000ap4aa8z4B12.pdf，上次登录于 2024 年 2 月 29 日。

的提升，因此，在其规划和设计中特别强调这两类特殊人群对城市公共空间提出的两大要求：第一是无障碍通行；第二是特殊关怀设施。对于第一点无障碍通行，其服务的目标人群包括老年人、残疾人以及使用婴儿车的家庭等，在生活圈新模式的生活时刻模块设计中，针对这些使用者，强调无障碍设施的设置，例如，室外楼梯旁配置残疾人坡道、过街路沿处设置无障碍坡道、盲道、含语音功能的标识牌、含盲文的标识牌、兼容轮椅停位的座椅，等等。其最终目标是让特殊群体可以自主地、无阻碍地完成从起点到终点的所有活动，实现百分百无障碍出行，而并非片段式的

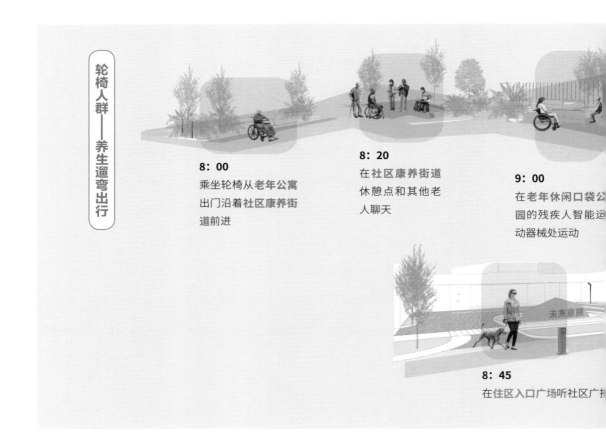

轮椅人群——养生遛弯出行

8：00
乘坐轮椅从老年公寓出门沿着社区康养街道前进

8：20
在社区康养街道休憩点和其他老人聊天

9：00
在老年休闲口袋公园的残疾人智能运动器械处运动

8：45
在住区入口广场听社区广场

无障碍通行（图 1-5-1）。在目前大部分城市无障碍环境建设较为初步的情况下，生活圈新模式运用手册中的模块强调了各类无障碍通行设施，意在帮助城市在一些人流聚集的场所，如公交车站，或一些特殊人群使用频繁的公共场所，如康养中心附近的公园，完善局部的无障碍通行，而后再逐步拓展为城市界面空间中全面的无障碍通行。第二点针对特殊人群的特殊设施提供，指的是在生活圈规划中强调专门为特殊人群服务的功能空间。如在本书中提出的老年休闲口袋公园、社区康养街道等，都是为特殊人群专门布置的生活时刻模块，为特殊人群提供专项的社会关怀，

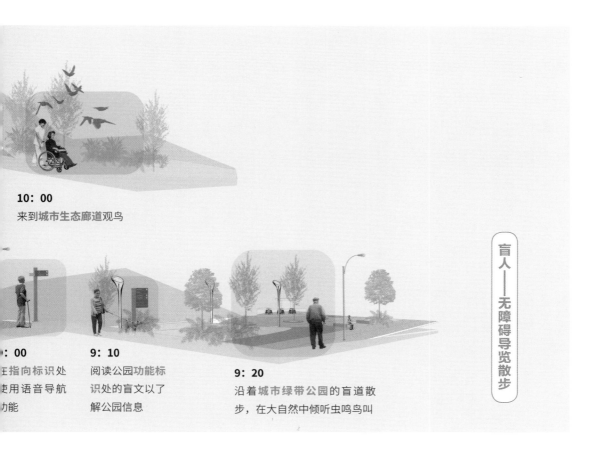

10：00
来到城市生态廊道观鸟

9：00
在指向标识处使用语音导航功能

9：10
阅读公园功能标识处的盲文以了解公园信息

9：20
沿着城市绿带公园的盲道散步，在大自然中倾听虫鸣鸟叫

盲人——无障碍导览散步

促进群体之间的相互交往。当坐轮椅的和推着婴儿车的人群可以自如地在生活圈生活，能与其他人平等地共享城市公共空间时，生活圈才真正做到了对他们有最贴心的关怀。

· **强化对下一代的安全关怀**

在城市人口增多的情况下，在以效率为主导的快速城市运行模式下，"慢"成了一种奢侈的生活状态。然而，在居住的体验中，"慢"对于获得生活的幸福感起着至关重要的作用。尤其对儿童来说，"慢"也象征着安全的成长环境。生活圈对人的关怀还体现在为下一代构筑安全的社区环境。其第一要点在于强化街道空间对下一代的安全关怀。本书的生活圈新模式倡导在社区中建立下一代友好街区，其内容以教育场景为重点示范区域，然而其内涵应在生活圈所有区域贯穿才能实现最完善的关怀。这一慢行街区理念，以幼儿园、学校及其他下一代重点活动空间所在的街区为提升对象，通过学区入口广场、落客点、安全上学路口的设置形成连续的上下学安全慢行环境（图1-5-2）。其具体的生活时

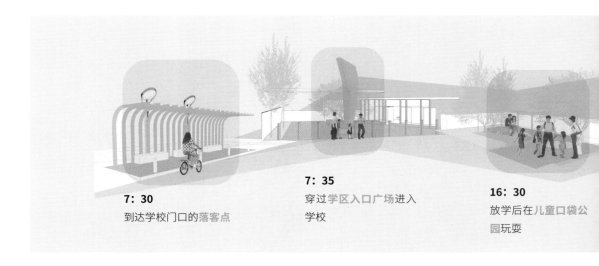

7：30
到达学校门口的落客点

7：35
穿过学区入口广场进入学校

16：30
放学后在儿童口袋公园玩耍

刻设计也都在体现对学生的关怀：在学区入口广场设置安全等候缓冲区、安全桩柱等设施，在落客点形成港湾式落客区域，围绕临近街角的位置设置安全上学路口。在安全上学路口的设计中强调特殊斑马线、安全岛、减速带、智能红绿灯等特殊安全设施。同时，在社区运营中，强调上学高峰期应由学校或社区安排交通指导员辅助学生过马路。通过对这一上下学体验片段的统筹提升，下一代友好街区理念最终将得以实现。第二要点是在儿童活动空间中强调安全性。例如，在儿童口袋公园这一生活时刻的选址中强调避开快速道路设置；在空间设计中考虑通过绿篱等景观元素形成围合式空间；在游乐设施的选择上避免尖角；场地铺装材料宜选择防摔塑胶；植物配置避免有毒、有刺的植物。同时，在社区的运营中，应该定期对儿童设施进行维护评估，防患于未然。只有当每一个安全性细节都被贴心、全面地考虑到后，才能创造一个让下一代可以肆意玩耍的场所，这也是生活圈面向未来最重要的使命所在。

17：00
步行路过安全上学路口

17：30
来到四点半课堂上钢琴课

小学生——上学放学

5.5
以地域性元素为未来城市增色

纵观中国当下城市，一个无法否认的趋势是现代化让很多城市的新建区域越来越同质化，城市的地域特征大多高度集中于每个城市的历史文化保护区域。而对现代主义引领的新社区来说，如何回应地域的自然、人文、历史、文化、生活习俗、气候、地理等多元的地域特征，让普通人日常居住的社区也具有地域性表达，延续当地人最习惯的生活传统，回应广泛印刻在本地居民心中的文化精神内核，建立独属于地域居民的情感归属，是未来城市建设的一大挑战。解决这一问题，是让文化走出博物馆和历史区域，回归日常生活的重要途径。在超联城市的实践中，生活日常趣味的创造应当和地域特征高度关联，因为让社区和地域特性高度融合是创造社区趣味的重要途径。在超联城市的理念下，生活圈的构建目标就是要将这种地域性的表达融入生活圈空间，在建设初期对文化特质进行引导，孕育出能够沉淀文化的氛围和包容文化特性的城市公共空间，创造未来城市的趣味色调。而落实到具体的生活圈新模式实践过程，有以下两大要点。

第一是强调通过纪实分析手法来对生活圈及周边的城市界面空间元素进行分析，挖掘生活圈所在区域的文化特色，以将其融入生活圈的建设中（这一分析手法在第 3 章中的界面元素生活日志中有详细的举例阐述）。这种特色可以潜藏在各类城市界面空间元素中。比如，每个地域不同的植物特色为人行道带来不同的视觉感受、植物气味、空气温度等，进而组成了人群共同的城市街道记忆。好比在巴黎，香榭丽舍大道给人最深刻的文化印象记忆是两旁几何形态的悬铃木与尽头的凯旋门，这些空间元素形成了具有代表性的城市街道名片。又好比重庆高大、色深叶密的黄葛树与雾都气候形成了老城区街道的独特深色色调，造就了城市充满历史气息的记忆点；而在我国东南沿海，如广东地区，由于气候湿润、温暖，植被茂密，行走在街区常常有在雨林中散步的感受。文化同时也在更深刻的层面上影响着社区的体验，譬如在成都，茶馆充斥着社区大大小小的街道广场空间，让成都的社区在视觉、听觉、嗅觉、味觉方面都浸入茶馆文化之中。又如在南方温暖区域，盛行的"电驴"出行方式强烈地影响着社区界面的动态面貌，"电驴"大军成了一种活的街道文化表情（图1-5-3，见 P112）。

第二是通过城市界面空间的整合，激活城市公共空间，促进社区的人文沟通，培养地域文化的灵魂。因为文化的积淀和丰富，根本来源是生活圈中人与人之间的交流、学习、碰撞、融合，这就需要让城市公共空间作为事件发生的催化剂，创造更多的人文趣味交集，以协助构建社区的灵魂。

通过强调以上这两大要点，生活圈新模式在实践中可以将分析出来的特色运用到生活圈的建设中，激活城市公共空间，促进人文交流。首先，可以在选择合适的生活场景主题时融合本地特色，比如，在生态肌理区域将具有当地特色的生态场景作为生活圈的建设重点，创造环境的归属感，构建群体自然记忆。其次，在体验片段的编排中呼应这种文化特色，比如，针对当地居民编排专项的文化活动体验片段，在具有历史保护建筑的街区策划

佛山 佛山夏日午后的人行道，高大葱绿的行道树让整个社区步道充满了南方雨林般的特质气氛　高大雨林

作为重庆市树，黄葛树遍布了重庆的大街小巷，其独特的冠幅形态为城市人行道提供了自然阳伞，创造了独属于重庆的深色色调与历史厚重感

重庆 黄葛树

"电驴"大军

"电驴"上的城市，湛江市户籍户数为216万户，电动自行车保有量约为300万辆，户均1.4辆，电瓶车是其城市交通设施的主要服务对象之一

湛江

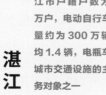

专门的游览体验片段等，创造人文交集。最后，在生活时刻的设计中体现这种文化特色，比如，将文化特色融于社区文化墙、休闲活动广场、社区标识的设计中；或在生态口袋公园的设计中融合本地地貌、植被特质；在休闲活动广场的设计中，提供容纳地区节庆文化的场地及文化符号元素；甚至根据当地生活特性配置特殊的生活时刻空间，如一些地域民俗文化空间。生活圈新模式正是通过将诸如此类的地域性表达融入城市界面空间，以及在城市界面空间的创作中演绎地域性特色在现代生活中的印记，来实现从主观和客观两方面创造更多的城市趣味，在城市公共空间中建立起地域特性和日常的联系。

5.6
以生活圈为城市生态体系的基础单元

· 生态雨洪安全单元

过去，当人们关心社区的安全性时，常常考虑的是防盗、安保门禁系统。而在 21 世纪急迫的低碳需求下，保障生态气候安全性也成为当下社区的一大诉求。在近年内陆城市雨季排水问题的痛楚之下，各大城市纷纷启动海绵城市计划，但防治城市内涝的效果依然有待提升。这是许多原因综合导致的结果，比如，城市排水管线老旧，没有高级别的泄洪设施，全球气候变化带来的极端天气频繁发生，等等。其中当然也有海绵城市建设自身的一些问题。目前，中国已有的海绵城市建设对城市内涝防护成效略弱的主要原因在于现有的海绵城市依然处于建设初期，具体的实施往往是从局部的海绵设施出发。局部大城市的一级城市绿地已经开始积极响应海绵城市的建设号召，以城市片区级别的大型绿地系统为主要建设对象，如绿带、河滨、湖滨等，先逐步打通城市的大尺度海绵体系，建立湿地公园系统。但其应对越来越频繁的极端情况效用较弱，因为目前海绵体系的系统性、覆盖面、防内涝级别依然未能达到足够保障城市安全的标准。尽管其建设成果使得局部地区可以消化部分常规降雨产生的地表径流，但面对强度更高甚至百年一遇的高强度降雨，要想保护庞大的城市体量，则需要建立更完善的城市级别的海绵体系。这一工程需要城市的各个尺度层面都得到改善才能发挥决定性的作用，整体工程非常浩大。因此，未来海绵城市建设的重要方向是：将城市看作一个完整的海绵城市系统建设，将各个尺度的城市基础设施都融入体系中，并在每一个尺度包含的海绵小单元内就近解决地表径流，通过源头、途径、终端三个方面实现雨洪的减少。

在这一大的海绵城市体系目标下，生活圈社区由于其尺度的相对可控性、管理团体的互联性，以及分布的普遍性，成为城市中最常见、覆盖面最广的海绵小单元，是强化海绵城市系统性的重要一环。因此，超联城市理念下的生活圈新模式倡导以生活圈为单元，建立社区内循环的海绵系统，多个社区共建，形成区域海绵安全闭环，真正做到源头—途径—终端三个阶段减少雨洪排量，逐步建立覆盖城市的海绵安全体系（图1-5-4）。这一目标的实现需要在生活圈的建设中保证景观绿化及公共空间都具有海绵功能的兼容性：改变铺地的透水性能，创造可呼

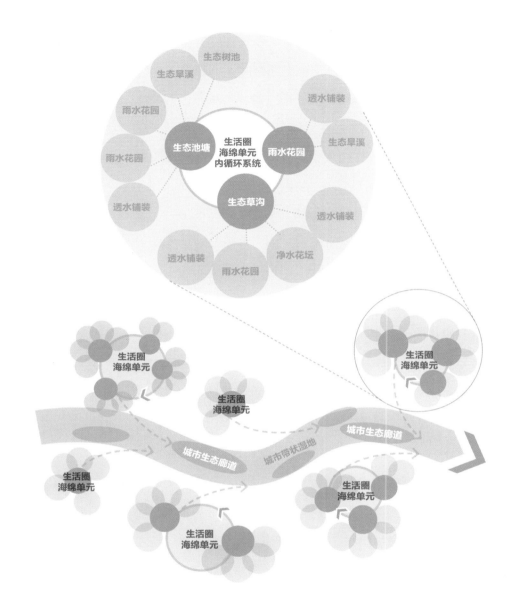

生态树池

生态旱溪

透水铺装

雨水花园

生态旱溪

生态池塘

生态草沟

生活圈海绵单元内循环系统

雨水花园

雨水花园

透水铺装

透水铺装

透水铺装

净水花坛

雨水花园

生活圈海绵单元

生活圈海绵单元

生活圈海绵单元

生活圈海绵单元

生活圈海绵单元

生活圈海绵单元

城市生态廊道

城市带状湿地

城市生态廊道

| 雨水花园 | 净水花坛 | 生态旱溪 | 透水铺装 | 生态树池 | 生态草沟 |

吸的硬质铺地；将道路绿化带结合生态草沟设计，把单一观赏功能提升为兼容雨洪吸纳功能；把适当面积的社区街道花园和景观绿化区域改为雨水花园；使街区公园水景池兼容蓄洪功能；将屋顶雨水贮藏至灌溉水箱。而在具体的空间实践策略中，生活圈新模式将这些措施都看作城市空间的插件，在城市新建及更新的过程中可以灵活地与社区的已有绿化或新建绿化空间结合，让生活圈海绵设施的覆盖率达到最大化。

如此从各个方面降低雨洪时的径流率，进而实现超联城市以社区为生态雨洪安全单元的最终目标，减少区域泄洪压力，形成具有韧性的社区气候应变区块。

· 生态自维护单元

城市界面空间作为超联城市理论的空间载体，在维护的角度与传统的景观空间相比有其特殊性。这些空间常常位于缺乏后期维护运营的边界地带，或是由市政简单进行后期维护。因而，在生活圈新模式中应优先选择构建低维护，甚至自维护的景观，最大限度地减少后期维护的成本和精力。不同于可以精心维护的其他景观空间，城市界面空间的景观设计应更加鼓励选用适应当地气候的乡土植物、低维护植物，以减少灌溉成本和病虫害。景观植被的设计应以自然特色为主，创造城市人居空间中真实、自然的特色体验，为城市人群带来真正亲近自然、体验郊野氛围的机会。应减少需要人工修剪的植被类型，降低后期的维护成本，让植被可以自然迭代，随时间呈现出不同的风貌。在创造城市自然乡土群落的同时也将创造出生活圈的生态圈，通过生态场景中的生态口袋公园、花园院墙、生态步道、城市生态公园的串联，形成城市生活圈中包含昆虫、鸟类等生物的生态群落，为生态科普和学习创造自然营地。这一生态自维护单元的建立将为人与自然的超联创造契机，实现生活圈生态机制的可持续繁荣。

5.7
滑动线下生活的滚轴

在过去的二十年间，互联网科技从服务、社交、文化等多方面为日常生活带来了革新，并给线下空间带来了巨大的冲击。人们的日常生活方式逐渐发生了转变，互联网的普及使得线下的各类城市服务设施逐渐建立了同步的线上功能，比如，各大民政生活服务机构在互联网的助力下开通了各类事务的在线办理平台，网络商店和快递服务也让人们可以足不出户进行日常采买。人们的日常生活需求均可以在手机上解决，进而减少了大部分必要的生活事务性出行。除了基础生活需求，从社交需求的角度来看，网络的盛行也为人们的日常生活提供了更多元的社交平台选择。这样的转变在某种程度上减少了线下社交的需求，使得由社交形成的文化聚集已不再局限于物理意义的圈子，而扩展成为更多元、受众更广泛、突破地理局限性的网络文化社区。除了生活之外，互联网也为人们的工作模式带来了诸多的改变：尽管对大部分人来说，通勤上班依然是不可或缺的出行缘由，但也有越来越多的基于互联网平台的新型远程工作模式出现，使得工作者的工作地点在互联网的辅助下，完全脱离了线下空间的位置限制，可以方便地进行线上工作。

这样的现状看似为线下城市空间带来了许多存在感的危机，但其实大可不必用一种二元对立的态度看待这个问题，而应该从积极和辩证的角度去看待网络给物理生活圈带来的革新推动力。从某种意义上来说，这些现状的改变对线下生活的竞争力提出了超乎过往的挑战，也让人们有机会在仔细思考如何应对这些挑战的过程中，更加清楚生活圈未来的构建目标——生活圈需要越发强化生活的内涵体验。从这个角度来说，科技的发展很好地促进了城市界面空间的蜕变成长需求，让其可以在竞争压力中不断提升，积极为使用者创造新的生活。多元、快速更新是线上世界的

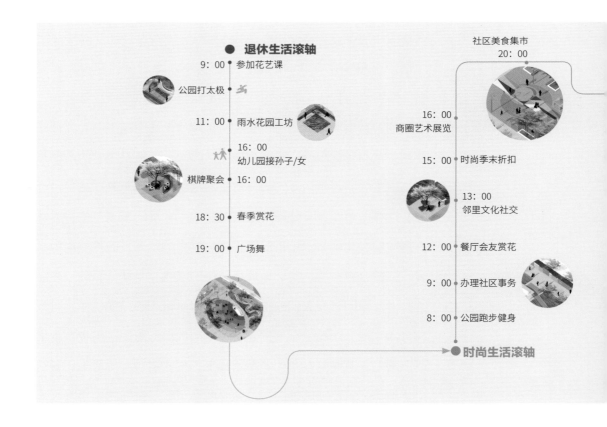

最大优势，线上丰富的内容吸引着人们持续不断地浏览与体验，让人无法停止向上滑动屏幕，当人们习惯了这种丰富的体验感之后，也逐步对城市公共空间中的线下生活圈的构建提出了更高的要求，急迫地期待滑动线下生活的滚轴（图 1-5-5）。面对这些挑战，超联城市将从下面三个方面去强化生活圈的竞争力。

第一，线下生活圈需要创造更丰富多元的趣味物理空间。线下生活感知的范围与内容都需要扩展与延伸，以满足人们对提升日常出行体验"回报率"的迫切需要：在日常出行中感受到更高的游乐性、体验性与趣味性。同时，这样的体验应该与线上带来的虚拟体验不同，具有其独特的可感知空间，提供人与人真

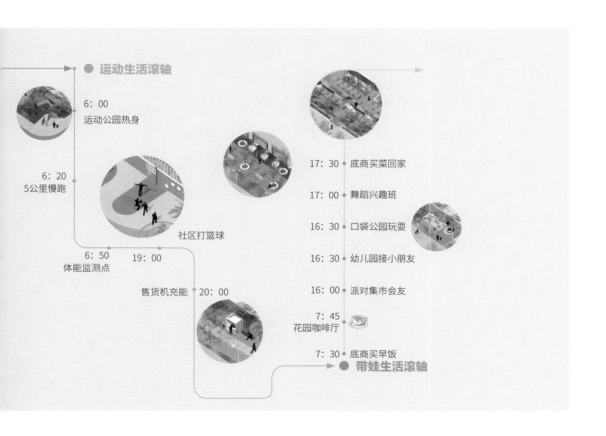

● 运动生活滚轴

6: 00
运动公园热身

6: 20
5公里慢跑

社区打篮球

6: 50
体能监测点

19: 00

售货机充能 · 20: 00

17: 30 ● 底商买菜回家

17: 00 ● 舞蹈兴趣班

16: 30 ● 口袋公园玩耍

16: 30 ● 幼儿园接小朋友

16: 00 ● 派对集市会友

7: 45
花园咖啡厅

7: 30 ● 底商买早饭
● 带娃生活滚轴

实社交的环境。这需要线下生活空间的规划设计不局限于常规的基本服务功能，具有更高层次的、更多元的物质精神目标。本书提出的生活圈新模式是实现这一目标的重要途径：通过在城市界面空间设置一系列偶然目的地，并将其与各类城市设施串联，强化线下生活圈的联系品质和空间趣味，让出行变成一种享受；同时通过场景化的思路，突破传统的用地红线，强调不同地块属性以及相邻城市空间的高复合化，使得与生活圈相关的空间互相促进、共存共荣，带来更高的活动性、参与性。这样的生活圈新模式将促使建设者思考利用城市公共空间的每一个元素、每一寸土壤到底可以创造出什么样的趣味体验，从而避免单纯的装饰性设计，在低参与感的传统街区之上拓展出更多的可能性，促进城市公共空间的提升，让那些不起眼的街角焕发光彩，成为令人难忘的生活片段。

第二，线下生活圈需要保持可持续的新鲜体验感。在科技快速更新的未来时代，城市的更新速度也将越来越快，人群的需求也不断发生变化，因而，一个可兼容需求改变的生活圈新模式、一个可以适应新时代生活的规划方法，也显得越发重要。线上世界可以快速更新的特质，对线下世界的更新速度提出了新的挑战，如何让物理空间与活动内容更替结合，以满足人群对体验新意的追求。

因此，超联城市强调在生活圈的构建中秉持"体验可持续"的城市理念，即在长久的时间跨度中，让生活圈创造持续变化的新鲜体验感，持续满足人群对于体验新意的追求、对未来体验内涵的需求，以实现生活圈的持久繁荣。而要想实现这种持久的繁荣，除了需要关注生活圈的物理空间的建设，也不能缺少对物理空间带来的实际生活事件与活动的关注，因为物理空间存在的最终意义是创造活力。因此，生活圈新模式包含了空间和活动的双重内容，在构建硬件服务设施的同时也强调构建服务体验软实力，关注对生活圈活动、生活街区特色体验主题的持续运营与策划。在实际的生活圈规划过程中，对于空间和活动需求的考虑应该是同步进行的。无论是生活场景，还是体验片段、生活时刻模块，其空间规划都与活动的策划同步进行。活动的策划应当综合考虑不同人群的日常需求、文化特征的需求、季节庆典的需求等，为生活圈创造全年丰富的社区活动，营造有生命力的生活圈。这一运营内容的实现，不仅需要在规划建设的过程中实践生活圈规划新模式的理念，也需要建立有效的管理系统，一个强调社区运营商与政府、企业与机构、居民志愿者、线上线下平台等多方参与、保持联系、协同共建的生活圈管理委员会（图1-5-6，见 P122）。管理机制的建立是生活圈持久运营的骨架所在，是超联城市可持续的保障。

随着大数据分析及需求模型的搭建与预测等科学技术的发展，关于人群需求、社区反馈的分析方法更加科学、全面，生活圈体验的更新也将更加有理有据。未来生活圈将融合线上和线下意见反馈等，综合统筹生活圈的体验更新方向，让生活圈不断成长。

此外，本书提出的生活圈新模式也通过其物理空间的灵活性回应了可持续运营这一要求——在城市界面空间中倡导百态空间元素，以其高适应性和包容性，在同一地点为不同的社区运

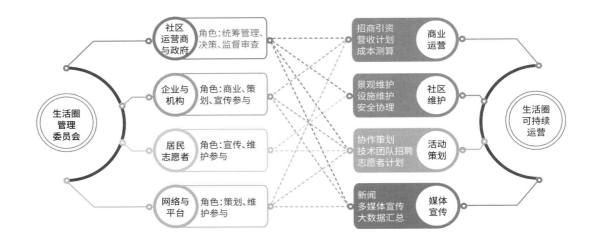

営活动需求提供所需的空间，形成一系列城市中的百宝箱，最大限度地为人们提供需要的功能。这样的元素让社区在时间维度上的延展性更好，无论是二十四小时、一年、十年，还是二十年，城市空间都能不断生长，保持长久的活力。这样的城市界面元素用最基本的物质创造了最丰富的城市空间体验价值，在同一种姿态中融入了生活的百态，容纳生活圈的成长，让社区的运营策略可以真正地在空间中实现，保持生活圈新鲜的体验感。

第三，线下生活圈需要更好地与线上互联。在互联网与现实物理空间深度渗透的时代，进一步诞生了"物联网"（IoT）这一词语。物联网是指将日常物理对象连接到互联网的过程——

▲ 图 1-5-6 — 生活圈管理委员会

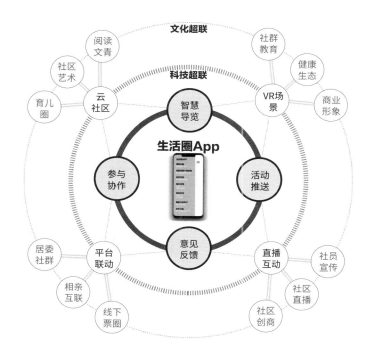

从灯泡等常见家用物品，到医疗设备等医疗资产，再到可穿戴设备，甚至智慧城市，都可以连接到互联网上。生活圈与互联网的连接是未来建立智慧城市的关键。在这一目标之下，互联网可以成为线下生活圈物理世界的宣传平台、用户界面。超联城市强调将生活场景融入社区的线上系统，让人们可以通过手机、线下网点更便捷地了解社区最新动态、使用电子地图导览、预约生活圈活动。同时，通过在生活时刻模块的各类活动场地建立与线上互动的智慧牌，设置与社区服务网络相连的预约、查询、打卡、扫码系统。这样的移动平台将成为生活圈物理空间最重要的宣传手段，让线下与线上共同繁荣（图 1-5-7）。

▲ 图 1-5-7 ｜ 生活圈线上移动平台

超联城市理论将通过回应以上三大要求进一步实现其社会价值，通过"超联"创造生活圈的精神文化繁荣，推动社会进步，跟随线上世界同步"滑动"，从长久的社区经营上，强化生活圈竞争力。生活圈新模式以"社区""生活""运营"为基础出发点，从社区理念主题、城市界面、活动功能策划上，实现超联城市的实践内容，为生活圈的建设提出新的生活故事线，构建持续吸引新居民的好社区。

结　语

　　本书出版之际正值中国城市发展及行业发展逐渐减慢的时代，直观来看仿佛这不应是一个对规划设计行业持乐观态度的阶段。然则，在笔者看来，这样的放缓给规划设计工作带来了新的契机。这一契机的重点在于抓住城市发展放缓的脚步，创造城市建设的"思考间隙"——深入反思城市建设在过去快速发展的过程中积累的有待解决、改善的问题，通过规划实践去倾听城市和市民的声音，继而计划未来的实践。本书的内容正是我们在这一"思考间隙"所获得的灵感，希望行业中能够有更多的人参与超联城市的实践与讨论，碰撞出新的生活圈思路，衍生出更有意义的实践。

词汇表

· **超联**   在都市生活发生场中与超越自我范畴的外物建立的联系。

· **超联城市**   在"超联"理念指导下的针对城市规划的理论和实践思考。
核心理念：
1. 在心理层面上创造日常生活的联系维度——人本主义的城市生活理念；
2. 在物理层面上创造日常生活的联系维度——重构界限的城市空间理念。
研究范围：物理及心理的家的外延。
实践步骤/实践方法论：生活圈规划景观新模式。

· **超联城市的理想**   人与城市超联。
人与人超联。
人与自然超联。

· **超联生活**   超联城市的最终目标是为城市居民带来一种新的超联生活状态：促进现代人与人之间的联系，减少人与城市之间的阻隔，唤醒人与自然之间的深层共鸣。本书也将这种超联生活称为"Hyperlife"。

· **日常之间**   穿行、来往于不同日常生活目的地之间的过程称为"日常之间"，它强调出发与到达之间的联系空间。

· **生活圈理论**   一套基于人口密度来整合城市资源、有效布局服务设施的理论，以保证人口密集的都市圈有足够的服务设施，提升城市活力，同时引导非都市区人口尽量集中分布，以便共享服务设施，最终形成城市资源的合理配置。生活圈理论最早由日本学者提出。

- **超联城市概念下 的生活圈**

超联城市概念下的生活圈是一个更广义的心理层面的概念，是基于心理意识的家的外延。与日常生活高度相关，有着密切空间联系、意识联系的活动范畴，是构建家的外延的重点，也是构建超联城市概念下的生活圈的关键。

- **生活圈构成的 三要素**

人——生活圈的居民，是主动行为的发起者，是生活圈的内驱动能所在。

目的地——城市中的功能性场所，是人们走出家门，进入城市的重要原因，是生活圈的重要组成部分。必要目的地：人的目的性意愿和理性选择的产物，是日常必要活动的发生地。偶然目的地：在去往必要目的地的途中或感性选择下所遇见的惊喜场所。

联系动线——联系人与目的地，构成生活圈的重要骨架。

- **城市公共空间**

重要的城市景观介质，包括目的地类的城市公共空间，如大型城市公园、商业广场等，以及联系类的城市公共空间，如人行道、马路、地铁口、路边小公园、街角广场等。

- **城市界面空间**

超联城市理论的空间载体。将城市公共空间中由偶然目的地和联系动线组成的联系空间进行提炼、统筹，是一种经过规划的、具有故事逻辑的城市公共联系空间。

超联特征：公共关联性、复合灵活性

- **界面元素**

通过对现实中城市界面空间的全面收集和类型的总结归纳，将城市界面空间的最小空间组成分子称为界面元素。

分类：串联界面元素、聚集界面元素、过渡界面元素、插件界面元素。

- **纪实分析手法**　一套以城市界面元素为主视角，记录界面元素中人群行为、事件时间、地点等各个复合维度的实地图像为依据来进行空间分析的手法，一般可以围绕三个要点展开：1. 现实记录分析；2. 时间更替分析；3. 人群覆盖分析。

- **生活圈规划景观新模式（简称生活圈新模式）**　生活圈新模式的定义：超联城市理论的实践方法论。
  一种以景观为切入点的体系化思路，强调通过对人本主义的深入挖掘和对城市中联系空间的界限重构这两大角度来进行生活圈构建的规划新模式。
  生活圈新模式的创新性：生活圈新模式强调以日常中的生活感知为营造目标，让规划的技术性成为创造生活感知的辅助。它通过实实在在地关注人在生活圈中的需求、关注生活的趣味、关注每天往来于各个目的地之间这一常被忽略的空白时段体验，来创造一种以编排新生活模式为核心的基本规划逻辑。

- **超联城市理念导图**　一套指导超联城市理论在城市界面空间尺度上具体展开的思维逻辑体系。

- **超联城市实践导图**　生活圈规划新模式在具体项目中的实践步骤及方法。

- **生活圈新模式的三个核心出发点**　生活场景：以时空感知为基础的主题化超联框架。
  体验片段：以事件感知为基础的用户化超联组合。
  生活时刻：以环境感知为基础的功能化超联模块。

PART 2

- 生活场景系统手册
- 生活时刻模块手册

生活圈规划
景观新模式
运用参考手册

Hyperlife City

Handbook-

A New Landscape Planning

Practice Model

第二部分

正如第一部分所述，由于现阶段生活圈的规划与建设还缺少相关系统性的思考与总结，生活圈理念的实际运用往往是城市开发过程中的难点。因此，除了以上对超联城市的理论阐述，本书还将生活场景、体验片段、生活时刻模块的研究成果整理为以下生活圈规划景观新模式运用参考手册，以创造一份让规划师、设计师、城市实践者可以参考的生活圈城市空间技术资源库。手册研发以城市中的四个地块为生活圈规划的模拟场地，其中包括一块需要新建的城市地块以及三块需要更新城市公共空间的已建设地块。四个地块内部都包含居住、教育、商业等常见的生活圈功能。规划地块周边的区域为城市已建设区域，可根据场地的生活圈规划来提升城市相关功能的联系节点。这些空间共同组成了生活圈新模式运用参考手册以及理想地图的基底，以作为一个常规的生活圈实践示范。手册研发参考的生活圈人群需求数据是基于尚源景观公司用户研究部门在 2017 年至 2022 年积累的对全国 11 个城市 [1] 的人群研究，其调研结论在本书研究范围之外，仅作参考。手册的具体内容分为生活场景系统手册和生活时刻模块手册两部分。

---

[1] 重庆、成都、广州、东莞、佛山、郑州、西宁、武汉、杭州、昆明、贵阳。

在生活场景系统手册部分（图2-1-1），本书将不同人群的日常行为方式、日常生活需求，以及与其对应的物理空间类型，整理、总结为涵盖大部分普通人生活轨迹的六大生活场景——商业场景、社群场景、教育场景、生态场景、健康场景和形象场景，并将这六大场景在理想地图中进行模拟规划，明确阐述了如何以生活场景为出发点来搭建生活圈超联框架，进而创造生活感知。生活场景系统手册呈现的内容与理想地图的场地特征有高度关联性，因此在实践中并不可直接复制其空间内容。其目的在于演示生活圈新模式下生活场景在项目实践中的规划逻辑，引导读者参考其思路进行生活圈实践，根据场地定制生活圈。手册的具体内容包括场景的空间示意、场景的定义与目标、场景空间体系搭建基本原则演示、场景模块的列举、场景相关的体验片段的演示。在手册中场景模块列举这一部分，组成生活场景的生活时刻模块被分为主要模块与次要模块。其中主要模块是构成场景的必要性模块，次要模块是可根据场地情况、功能需求选择性加入的模块。且同一生活时刻模块不局限在一个场景中使用，具体选择与侧重应根据其在具体场地中与生活场景主题的关联性来决定。

在生活时刻模块手册部分（图2-1-2，见P134），本书对生活场景中常见的生活时刻进行了模块化搭建及设计应用导则梳理，内容涵盖布局逻辑、主题、功能价值、尺度、空间要求等，为生活圈的各类实践工作者提供了空间品质设计层面的参考依据。其中列举的生活时刻模块兼具普遍性和灵活性，可供多类项目参考，能灵活插入各类城市界面空间场地，是一套具有较高实用价值的"生活时刻"模块素材库。

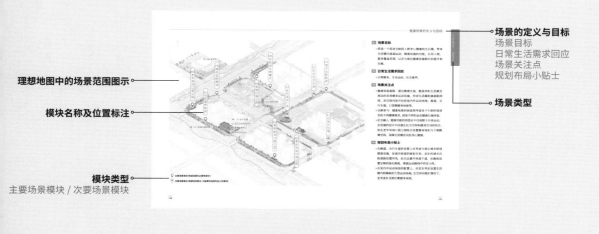

理想地图中的场景范围图示 ●

模块名称及位置标注 ●

模块类型 ○
主要场景模块 / 次要场景模块

○ **场景的定义与目标**
场景目标
日常生活需求回应
场景关注点
规划布局小贴士

○ **场景类型**

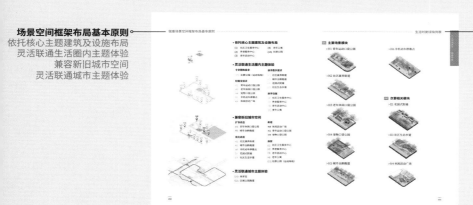

场景空间框架布局基本原则 ●
依托核心主题建筑及设施布局
灵活联通生活圈内主题体验
兼容新旧城市空间
灵活联通城市主题体验

○ **生活时刻模块列表**
主要场景模块图示
次要场景模块图示

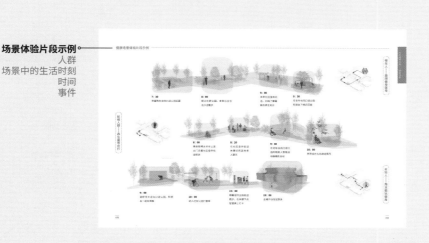

场景体验片段示例 ●
人群
场景中的生活时刻
时间
事件

页面内容标题

生活时刻模块编号及名称
模块应用原则
　模块定义
　尺度建议
　重点使用人群
　交通设施建议

模块位置建议

理想地图中位置示意

周边场地环境示意

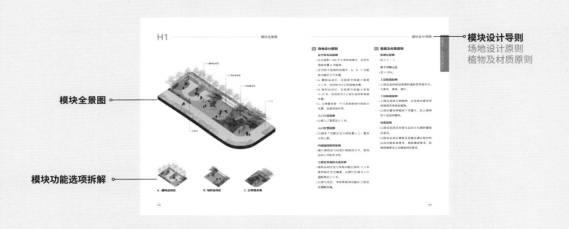

居民日常调研
使用人群日常需求访谈
模块设计导向

生活时刻所属场景

人群需求总结

人群采访记录

回应人群需求，形成模块设计导向功能、理念等

模块全景图

模块功能选项拆解

模块设计导则
场地设计原则
植物及材质原则

模块功能选项
设计导则
功能选项设置原则

模块功能选项图示

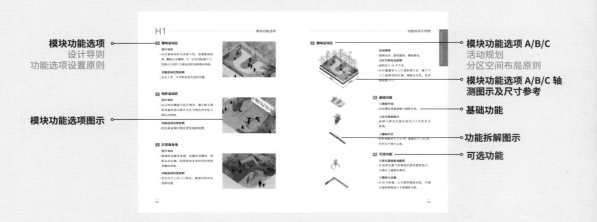

模块功能选项 A/B/C
活动规划
分区空间布局原则

模块功能选项 A/B/C 轴测图示及尺寸参考

基础功能

功能拆解图示

可选功能

本书通过对生活圈各类客群的功能需求的调研，厘清了生活圈普遍需要的功能；再通过对不同功能进行空间分区，形成了生活时刻模块内部的小功能块。这些小功能块的存在使得生活时刻模块可以根据场地的人群需求、空间容量、已有设施条件各有侧重，局部或整体地与现状城市空间相融。例如，在儿童口袋公园这一生活时刻模块中，基于幼儿、小学生、中学生三种人群形成的 A、B、C 三个功能块可以依据场地情况进行不同组合，灵活运用：三个功能块在空间充足的情况下可以作为一个整体使用；也可以在空间不足的情况下，根据人群需求仅使用其中的一个或两个功能块；还可以在已有功能的基础之上，选取其他功能块灵活地插入城市界面空间之中，使其更加完整与丰富（图 2-1-3）。

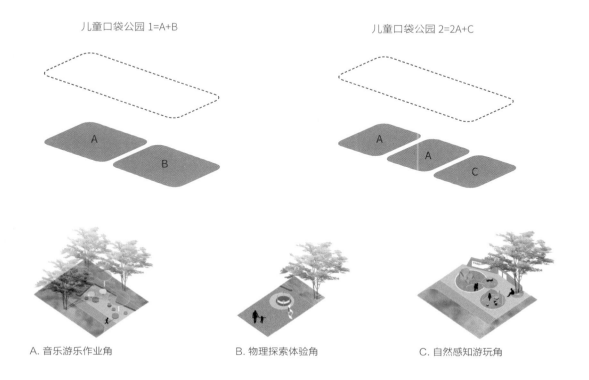

儿童口袋公园 1=A+B

儿童口袋公园 2=2A+C

A. 音乐游乐作业角

B. 物理探索体验角

C. 自然感知游玩角

Chapter 6

生活场景系统手册

主题 1　健康场景

主题 2　形象场景

主题 3　生态场景

主题 4　商业场景

主题 5　教育场景

主题 6　社群场景

周边社区

行政办公区

体育馆

地铁站

城市生活服务设施

形象场景

商业场景

社区商业综合体

社区大学 / 老年

社区服务

健康场景

社群公园

社区临街商业

老年公寓

社区卫生服务中心

养老服务中心

老年活动中心

幼儿园

城市生态廊道

生态场景

城市生态廊道

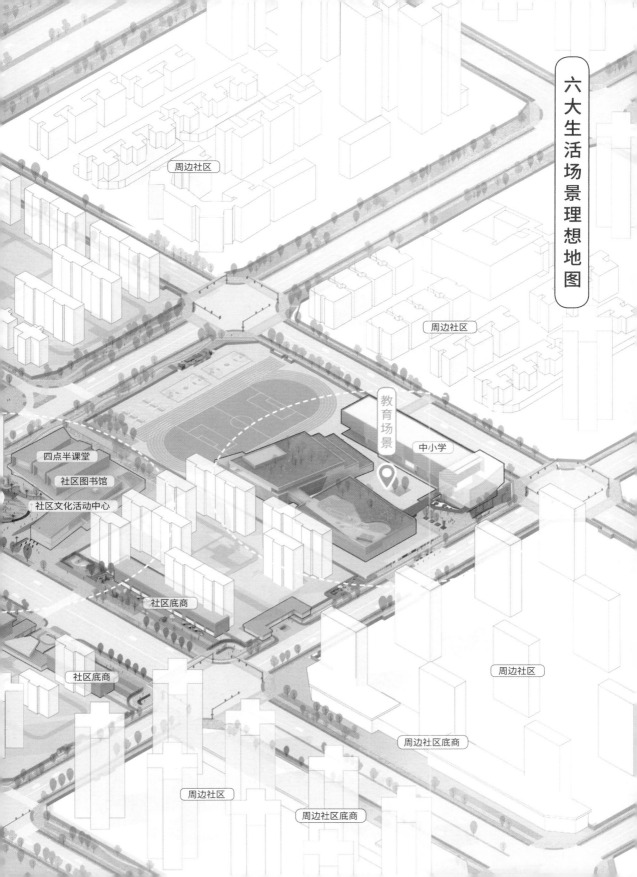

六大生活场景理想地图

周边社区

周边社区

四点半课堂

社区图书馆

社区文化活动中心

教育场景

中小学

社区底商

社区底商

周边社区

周边社区底商

周边社区

周边社区底商

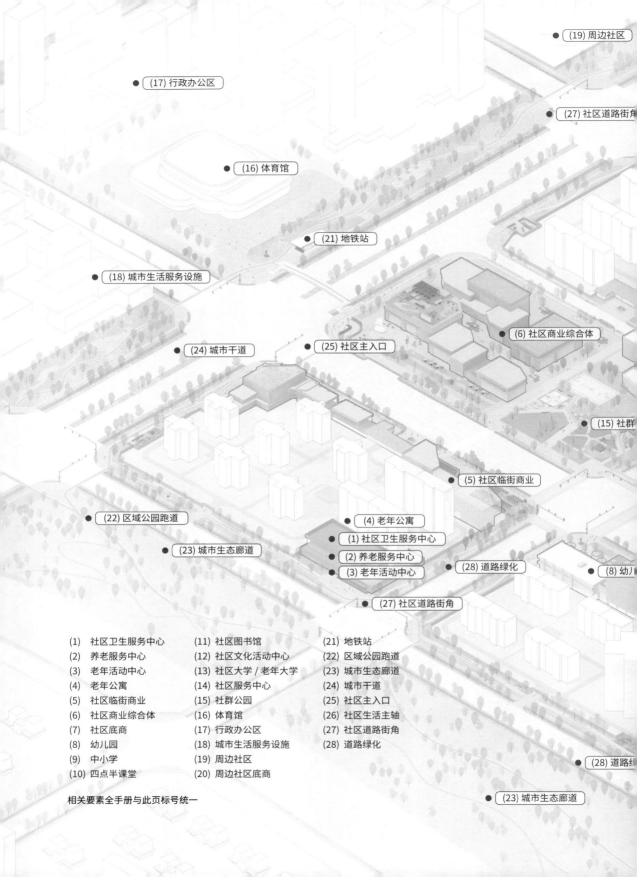

(19) 周边社区

(17) 行政办公区

(27) 社区道路街角

(16) 体育馆

(21) 地铁站

(18) 城市生活服务设施

(6) 社区商业综合体

(24) 城市干道

(25) 社区主入口

(15) 社群

(5) 社区临街商业

(22) 区域公园跑道

(4) 老年公寓

(1) 社区卫生服务中心

(23) 城市生态廊道

(2) 养老服务中心

(28) 道路绿化

(8) 幼儿

(3) 老年活动中心

(27) 社区道路街角

(28) 道路绿

(23) 城市生态廊道

(1) 社区卫生服务中心	(11) 社区图书馆	(21) 地铁站
(2) 养老服务中心	(12) 社区文化活动中心	(22) 区域公园跑道
(3) 老年活动中心	(13) 社区大学 / 老年大学	(23) 城市生态廊道
(4) 老年公寓	(14) 社区服务中心	(24) 城市干道
(5) 社区临街商业	(15) 社群公园	(25) 社区主入口
(6) 社区商业综合体	(16) 体育馆	(26) 社区生活主轴
(7) 社区底商	(17) 行政办公区	(27) 社区道路街角
(8) 幼儿园	(18) 城市生活服务设施	(28) 道路绿化
(9) 中小学	(19) 周边社区	
(10) 四点半课堂	(20) 周边社区底商	

相关要素全手册与此页标号统一

生活圈相关要素

(19) 周边社区

(27) 社区道路街角

(19) 周边社区

社区大学 / 老年大学

(28) 道路绿化

社区服务中心

(10) 四点半课堂

(9) 中小学

(11) 社区图书馆

(27) 社区道路街角

(12) 社区文化活动中心

社区生活主轴

(7) 社区底商

(28) 道路绿化

(7) 社区底商

(19) 周边社区

(20) 周边社区底商

(27) 社区道路街角

(20) 周边社区底商

(19) 周边社区

周边社区

行政办公区

城市界面空间改造红线

体育馆

城市生活服务设施

社区商业综合体

社区大学 / 老年大

社区服务中心

社群公园

住宅

社区临街商业

老年公寓

社区卫生服务中心

养老服务中心

老年活动中心

幼儿园

城市生态廊道

住宅

- - - - 城市界面空间改造红线

———— 新建红线

改造区域

新建区域

无填充区域为保留范围

城市生态廊道

为了更清楚地展示生活圈理想地图的搭建原则，我们对场地现状进行了模拟：黑色实线框内的区域为生活圈规划的新建范围，黑色虚线框表示生活重点考虑范围。并以这个现状作为后续植入生活场景、体验片段及生活模块的场地背景。

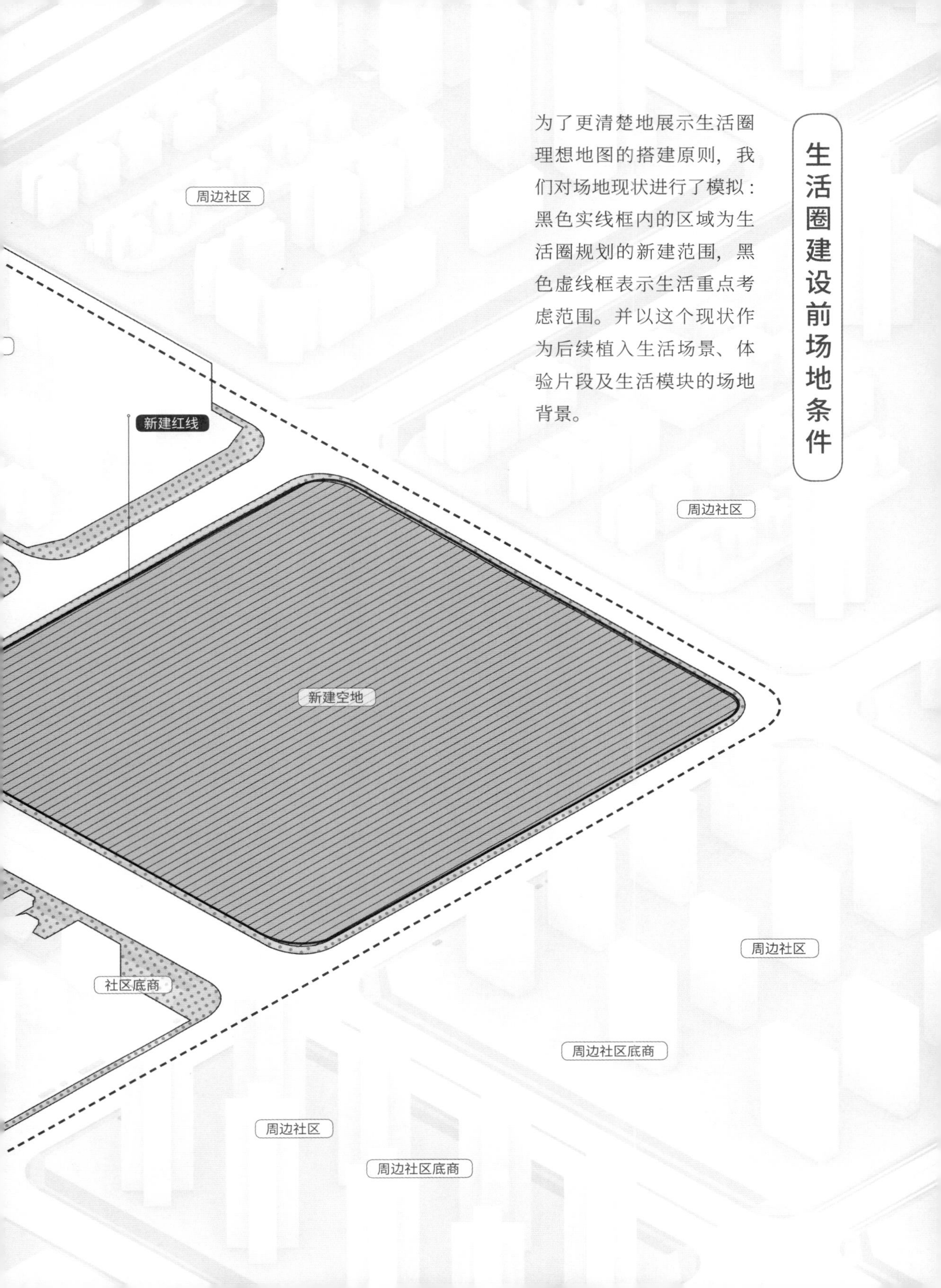

周边社区

周边社区

新建红线

新建空地

周边社区

社区底商

周边社区

周边社区底商

周边社区

周边社区底商

健康场景
- H1 青年运动口袋公园
- H2 社区康养街道
- H3 老年休闲口袋公园
- H4 宠物口袋公园
- H5 城市全龄跑道
- H6 非机动车停靠点

形象场景
- I1 门户广场
- I2 城市绿带公园
- I3 防护绿带公园
- I4 形象标识
- I5 功能标识
- I6 指向标识

生态场景
- E1 花园式院墙
- E2 生态景观口袋公园
- E3 社区生态步道
- E4 雨水花园
- E5 生态草沟

商业场景
- C1 邻里集市广场／草坪
- C2 社区商业廊道
- C3 屋顶花园

教育场景
- S1 儿童口袋公园
- S2 学区入口广场
- S3 落客点
- S4 安全上学路口

社群场景
- N1 邻里公约墙
- N2 社区文化墙
- N3 住区入口广场
- N4 休闲活动广场

生活场景框架

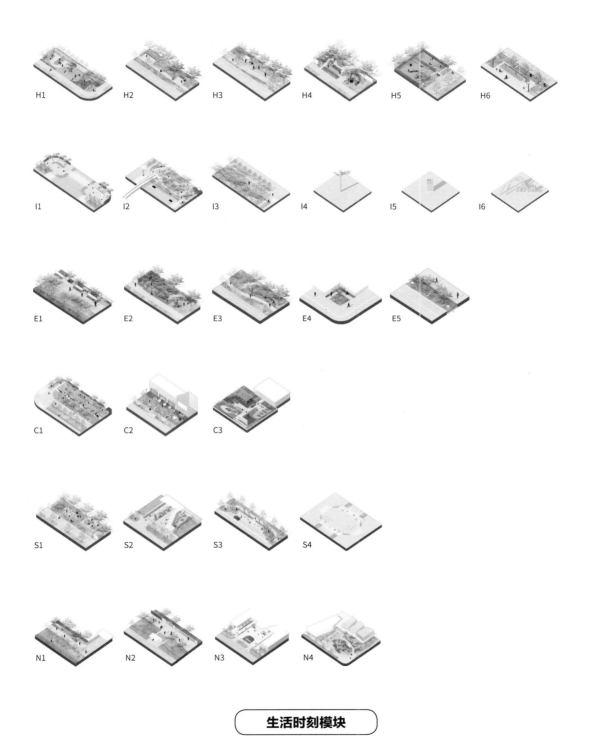

H1 H2 H3 H4 H5 H6

I1 I2 I3 I4 I5 I6

E1 E2 E3 E4 E5

C1 C2 C3

S1 S2 S3 S4

N1 N2 N3 N4

生活时刻模块

健康场景

HEALTH
SCENE

生活场景理念

"

创造一个全龄可畅达的运动健康生活圈

"

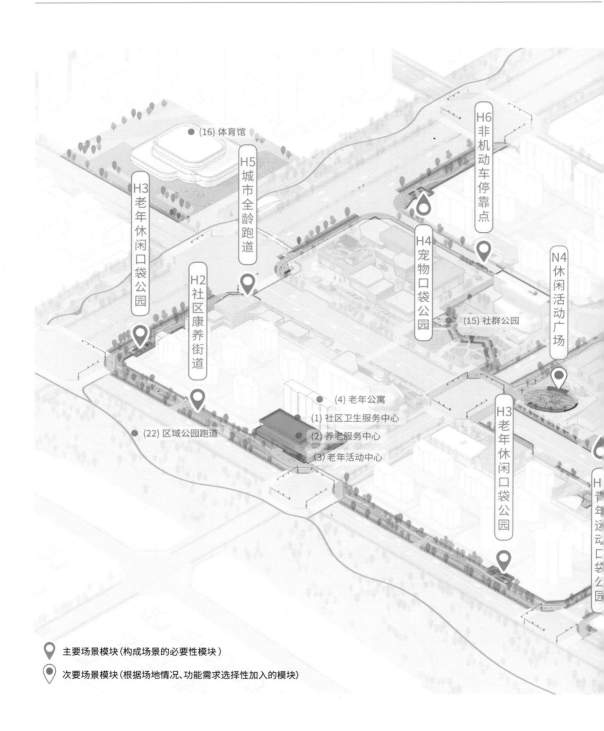

(16) 体育馆

H3 老年休闲口袋公园

H5 城市全龄跑道

H2 社区康养街道

H6 非机动车停靠点

H4 宠物口袋公园

N4 休闲活动广场

(15) 社群公园

(4) 老年公寓

(1) 社区卫生服务中心

(2) 养老服务中心

(3) 老年活动中心

(22) 区域公园跑道

H3 老年休闲口袋公园

H 青年运动口袋公园

主要场景模块(构成场景的必要性模块)

次要场景模块(根据场地情况、功能需求选择性加入的模块)

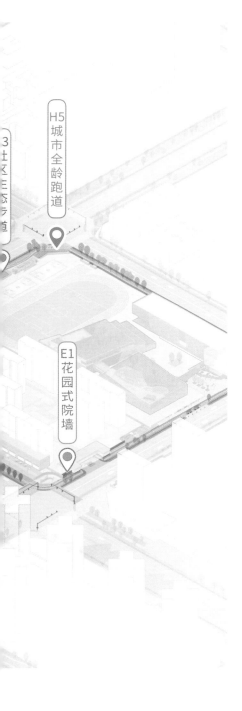

01 场景目标

> 营造一个促进全龄段人群身心健康的生活圈，扩大适用人群与服务覆盖范围，完善生活圈内基础运动、健康设施的功能，提升生活圈与周边健康设施的联系。

02 日常生活需求回应

> 日常健身、专业运动、社交康养。

03 场景关注点

> 健康体验超联：通过健康步道、跑道串联生活圈及周边的各类健身运动设施，形成生活圈健康超联网络，其空间内容可包括室内外运动场地、跑道、自行车道、口袋微健身场地等。

> 全龄参与：健康场景的创造须考虑各个年龄阶段居民的不同健康需求，创造不同的运动健康设施体验。

> 社交融入：健康功能的创造应不仅局限于身体运动，在设施的设计中应强化社交空间和健身空间的结合，如在老年休闲口袋公园结合设置健身场地与下棋跳舞空间，保障生活圈居民的身心健康。

04 规划布局小贴士

> 在跑道、自行车道的设置上应考虑与周边城市级别健康设施，如城市绿道的接驳关系。宜依托城市次级道路设置环线，如无法避开快速干道，应确保设置足够的绿化隔离，增强运动路线中的安全性。

> 在室内外运动场馆的配置上，应优先考虑设置生活圈内较稀缺的大型运动场地。在空间有限的情况下，宜考虑补充街区微健身场地。

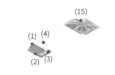

• 依托核心主题建筑及设施布局

(1) 社区卫生服务中心   (4) 老年公寓

(2) 养老服务中心   (15) 社群公园

(3) 老年活动中心

• 灵活联通生活圈内主题体验

专业锻炼需求

(15) 社群公园（运动场地）

轻健身需求

H1 青年运动口袋公园

H3 老年休闲口袋公园

H4 宠物口袋公园

H6 非机动车停靠点

N4 休闲活动广场

康养散步需求

H2 社区康养街道

H5 城市全龄跑道

E1 花园式院墙

E3 社区生态步道

康养设施

(1) 社区卫生服务中心

(2) 养老服务中心

(3) 老年活动中心

(4) 老年公寓

• 兼容新旧城市空间

扩容改造

H3 老年休闲口袋公园

H5 城市全龄跑道

优化改造

H2 社区康养街道

H5 城市全龄跑道

H6 非机动车停靠点

E1 花园式院墙

E3 社区生态步道

新建

N4 休闲活动广场

H1 青年运动口袋公园

H4 宠物口袋公园

保留

(1) 社区卫生服务中心

(2) 养老服务中心

(3) 老年活动中心

(4) 老年公寓

(15) 社群公园（运动场地）

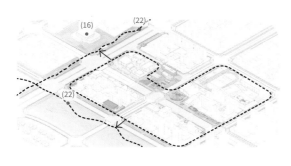

• 灵活联通城市主题体验

(16) 体育馆

(22) 区域公园跑道

01 主要场景模块

>H1 青年运动口袋公园

>H2 社区康养街道

>H3 老年休闲口袋公园

>H4 宠物口袋公园

>H5 城市全龄跑道

>H6 非机动车停靠点

02 次要相关模块

>E1 花园式院墙

>E3 社区生态步道

>N4 休闲活动广场

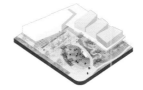

健康场景体验片段示例

7：30
带着狗在**宠物口袋公园**玩耍

8：00
经过**社群公园**，来到**社区生态步道**散步

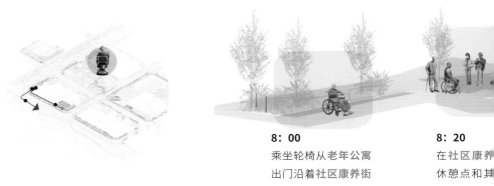

8：00
乘坐轮椅从**老年公寓**出门沿着**社区康养街道**前进

8：20
在**社区康养**休憩点和其人聊天

9：00
途经**青年运动口袋公园**，和朋友一起玩滑板

10：00
进入**社群公园**打篮球

15：00
顺着**城市全**跑步，在休憩智慧牌上打十

9：00

来到社区康养街
道，扫码了解最
新的养生知识

9：30

在老年休闲口袋公园
和朋友下棋后回家

9：00

在老年休闲口袋公
园的残疾人智能运
动器械处运动

10：00

来到城市生态廊道观鸟

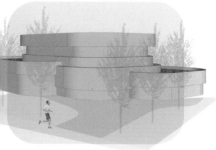

19：00

去城市体育馆游泳

主题 2

形象场景
STREETSCAPE
SCENE

生活场景理念

“创造一个具有区域特色文化印象的标志生活圈”

主要场景模块(构成场景的必要性模块)

次要场景模块(根据场地情况、功能需求选择性加入的模块)

I6 指向标识

(27)社区道路街角

N3 住区入口广场

01 场景目标

>创造一个能提升城市界面的整体形象性和文化特色性的生活圈。同时强调构建清晰明确的标识指向系统，形成人性化的、友好的生活圈形象导览功能。

02 日常生活需求回应

>社区形象需求、社区指向标识、社区特色展示、社区归属感建立。

03 场景关注点

>外部界面形象：形象场景强化的是生活圈对外的城市界面的特色感与整体感，使其重要的连接界面和连接入口有良好的引导性，促进界面空间的协调性，并创造与周边区域重要资源的积极联系关系，缓冲与屏蔽周边区域的不利因素，形成一个促进生活圈积极超联关系的城市界面。

>内部形象：在生活圈内部，形象场景强调城市界面空间的引导性和节奏感。形象场景在生活圈内部主要以街角为节点，构建层次分明的街区形象导览体系，为生活圈居民创造美观舒适的归家体验，为生活圈访客创造明确的生活圈形象节点，形成形象美观、指向清晰、界面舒适的生活圈引导体验。

04 规划布局小贴士

>形象场景的布局应覆盖整个生活圈内部及周边界面区域，以形成完整连续的场景体验。

>形象场景应与市政道路设计一体化考虑。

>形象场景应与生活圈周边重要城市空间一体化考虑。

形象场景空间框架布局基本原则

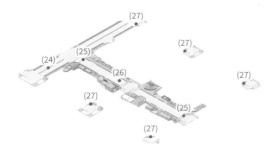

· 依托核心主题建筑及设施布局

- (24) 城市干道
- (25) 社区主入口
- (26) 社区生活主轴
- (27) 社区道路街角

· 灵活联通生活圈内主题体验

社区城市界面展示	社区城市界面导览
I1 门户广场	I4 形象标识
I2 城市绿带公园	I5 功能标识
I3 防护绿带公园	I6 指向标识
E1 花园式院墙	
C2 社区商业廊道	**社区归家形象**
C3 屋顶花园	N3 住区入口广场

· 兼容新旧城市空间

优化改造	新建
N3 住区入口广场	I1 门户广场
I2 城市绿带公园	N3 住区入口广场
I3 防护绿带公园	C2 社区商业廊道
E1 花园式院墙	C3 屋顶花园
	I4 形象标识
保留	I5 功能标识
I3 防护绿带公园	I6 指向标识

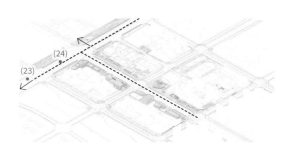

· 灵活联通城市主题体验

- (23) 城市生态廊道
- (24) 城市干道

01 **主要场景模块**

\>I1 门户广场

\> I2 城市绿带公园

\>I3 防护绿带公园

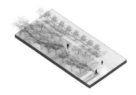

\>I4 形象标识

\>I5 功能标识

\>I6 指向标识

02 **次要相关模块**

\>C2 社区商业廊道

\>N3 住区入口广场

\>E1 花园式院墙

\>C3 屋顶花园

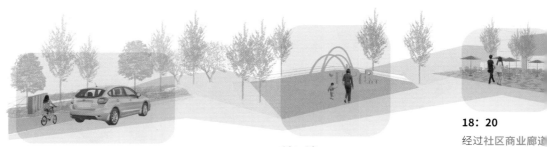

18：20
经过社区商业廊道
买蔬菜水果回家

18：00
下班路上经过由**防护绿带公园**及
城市绿带公园组成的社区外围森
林界面

18：10
通过**门户广场**进入社区

盲人——无障碍导览散步

8：45
在**住区入口广场**听社区
广播

16：00
从远处就能看见**门户广场**
的形象标识

16：10
在车库停车后在门
户广场的水景前与
朋友见面

18：30
转入安静的花
园式院墙内

18：35
到达住区入口广场

00
指向标识处使用
音导航功能

9：10
阅读公园功能标
识处的盲文以了
解公园信息

9：20
沿着城市绿带公园的盲道
散步，在大自然中倾听虫
鸣鸟叫

16：30
查看广场指向标识，
沿着社区商业廊道到
达喝下午茶的餐厅

主题 3

生态场景
ECOLOGY
SCENE

生活场景理念

"

创造一个与自然
脉络交织的生态
生活圈

"

C3
屋
顶
花
园

I3
防
护
绿
带
公
园

I2
城
市
绿
带
公
园

H2
社
区
康
养
街
道

E4
雨
水
花
园

E3
社
区
生
态
步
道

(15)社群公园

(28)道路绿化

(28)道路绿化

(23)城市生态廊道

(23)城市生态廊道

(28)道路绿化

主要场景模块(构成场景的必要性模块)

次要场景模块(根据场地情况、功能需求选择性加入的模块)

E2生态景观口袋公园

(28)道路绿化

01 场景目标

>依托生活圈及周边的生态资源，构建绿色基底环境网络，形成具有多元价值的社区生态体系，对生活圈绿地空间的地域性、体验性、观赏性、生态性进行提升与串联。

02 日常生活需求回应

>环境健康需求、海绵韧性需求、自然观赏需求、生态科普需求。

03 场景关注点

>舒适的自然居住体验：生态场景应从生态功能性出发，结合场地的高程设计及植被设计创造有生态功能性的绿化，以提升生活圈的舒适度，如形成隔离快速道路等不利因素的生态防护带；结合地域的气候特色，尽量选用本土植物创造区域舒适的微气候条件。

>具有地域特色的自然居住体验：生态场景营造应结合生活圈的地域自然风貌特色，如植物体验、地形体验、水文体验等，以生活圈的空间框架为基础，构建生活圈绿色自然网络。通过自然风貌特色的保留和延续，强化生活圈空间中的重点区域、重要街道的自然元素场景记忆，创造生活圈生态自然和谐的体验。

>具有环境效应的整体生态网络：生态场景应串联社群公园、街区绿地及周边重要城市公园，形成贯通社区与城市的生态网络，如形成全社区的海绵系统，缓冲季节性雨洪压力。

04 规划布局小贴士

>应以生活圈中最重要的生态绿地为核心，以街区绿化为骨架，依照相应服务半径补充口袋公园，以形成连续的生活圈自然生态网络。

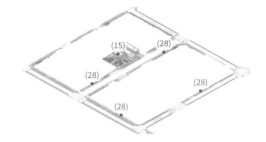

· 依托核心主题建筑及设施布局

(15) 社群公园

(28) 道路绿化

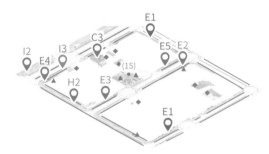

· 灵活联通生活圈内主题体验

生态游赏

E2　生态景观口袋公园

E3　社区生态步道

I2　城市绿带公园

H2　社区康养街道

(15) 社群公园

健康环境提升

I3　防护绿带公园

生态围界

E1　花园式院墙

海绵设施

E4　雨水花园　▲

C3　屋顶花园　◆

E5　生态草沟　—

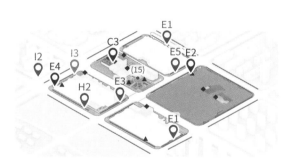

· 兼容新旧城市空间

优化改造

E1　花园式院墙

E3　社区生态步道

E5　生态草沟

H2　社区康养街道

I2　城市绿带公园

(15) 社群公园

新建

E2　生态景观口袋公园

E4　雨水花园　▲

C3　屋顶花园　◆

保留

I3　防护绿带公园

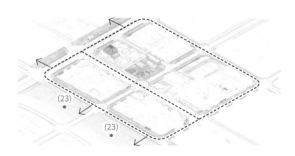

· 灵活联通城市主题体验

(23) 城市生态廊道

01 **主要场景模块**

> E1 花园式院墙

> E2 生态景观口袋公园

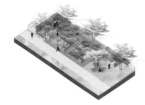

> E3 社区生态步道

> E4 雨水花园

> E5 生态草沟

02 **次要相关模块**

> I2 城市绿带公园

> I3 防护绿带公园

> C3 屋顶花园

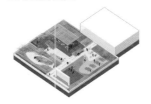

> H2 社区康养街道

生态场景体验片段示例

9：00
经过花园式院墙，与
邻居聊天

9：30
在**生态景观口袋公园**参加社
区小小科学家项目，了解蝴
蝶生命周期

10：00
进入社区生态步道
看周末生态展览

学生——海绵社区科普参观

10：00
雨水通过**屋顶花园**的绿
化收集

10：20
地表径流汇入
街边雨水花园

11：00

进入更远的城市**生态廊道**，参
加社区露营活动

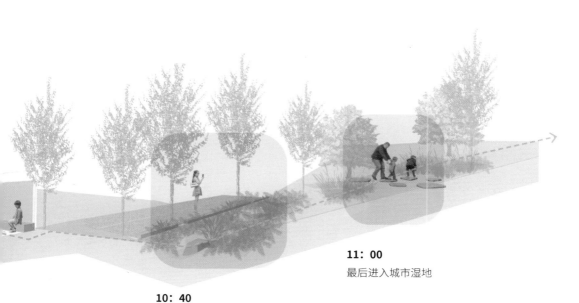

11：00

最后进入城市湿地

10：40

通过马路边的**生态草沟**减缓
流速并净化

主题 4

商业场景
COMMERCE
SCENE

生活场景理念

“创造一个有持续经济活力的生活圈”

(17)行政办公区

(16)体育馆

(21)地铁站

C3 屋顶花园

N2 社区文化墙

N3 住区入口广场

C2 社区商业廊道

(6)社区商业综合体

S3 落客点

C1 邻里集市草坪

I4 形象标识

C1 邻里集市广场

(5)社区临街商业

N4 休闲活动广场

N3 住区入口广场

N3 住区入口广场

主要场景模块(构成场景的必要性模块)

次要场景模块(根据场地情况、功能需求选择性加入的模块)

(7)社区底商

C2社区商业廊道

I1门户广场

(7)社区底商

(20)周边社区底商

01 场景目标

>创造完善、多元的邻里商业体验，对生活圈各个类型商业主题配套进行串联、升级与整合，激活特色经济，提升人气，实现生活圈的可持续繁荣。

02 日常生活需求回应

>满足生活圈中人们的一站式归家购物、社交性购物、目的性购物等需求。

03 场景关注点

>加强生活圈商业活力：通过对生活圈商业类城市公共空间，如街道、广场、口袋公园、屋顶花园等的主题化创造与连续性提升，形成活力城市界面空间，并将城市及生活圈人群导向商业，实现人气与商业的互联和商业价值的最大化，为生活融入烟火气息，激活以生活圈为单元的经济圈。

>提供便捷的日常购物体验：应基于生活圈居民日常购物习惯，让住区与商业之间形成有效的串联关系和连续丰富的体验，让居民便捷高效地得到所需要的商业服务。

>丰富生活圈商业体验感知：构建生活圈多元的商业体验，包括邻里集市、社区商业廊道、社区商业综合体，以及生活圈周边的商业街、大型商业综合体、商务塔楼等各类商业建筑设施及相邻的景观公共空间。统筹考虑生活圈商业业态，使其提供类型完善的商业服务，使各个业态相互积极促进，避免特色重复的无效竞争。

04 规划布局小贴士

>社区底商宜尽量设置道路双侧商业以形成生活廊道，展示街区完整的城市商业活力界面。

>社区商业体验宜通过慢行道互相联系。

>商业场景内部应尽量减少各建筑及住区的车行入口，帮助形成良好的步行氛围。

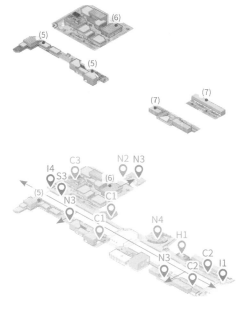

· **依托核心主题建筑及设施布局**

(5) 社区临街商业

(6) 社区商业综合体

(7) 社区底商

· **灵活联通生活圈内主题体验**

一站式归家购物	周末目的性购物
C2 社区商业廊道	(6) 社区商业综合体
N3 住区入口广场	I1 门户广场
(5) 社区临街商业	I4 形象标识
	S3 落客点

社交性购物

C1 邻里集市广场 / 草坪

C3 屋顶花园

H1 青年运动口袋公园

N2 社区文化墙

N4 休闲活动广场

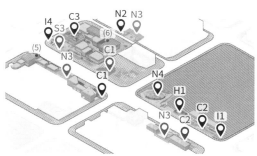

· **兼容新旧城市空间**

扩容改造	新建
C2 社区商业廊道	N4 休闲活动广场
(5) 社区临街商业	C1 邻里集市广场 / 草坪
	C2 社区商业廊道
优化改造	C3 屋顶花园
C1 邻里集市广场 / 草坪	I1 门户广场
N3 住区入口广场	I4 形象标识
S3 落客点	N2 社区文化墙
	H1 青年运动口袋公园
保留	
(6) 社区商业综合体	

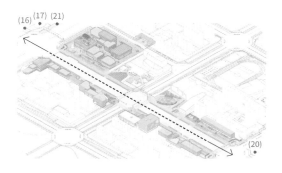

· **灵活联通城市主题体验**

(16) 体育馆	(20) 周边社区底商
(17) 行政办公区	(21) 地铁站

01 主要场景模块

>C1 邻里集市广场 / 草坪

>C2 社区商业廊道

>C3 屋顶花园

02 次要相关模块

>N4 休闲活动广场

>S3 落客点

>H1 青年运动口袋公园

>N2 社区文化墙

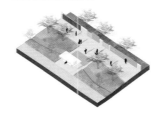

>I1 门户广场

>N3 住区入口广场

>I4 形象标识

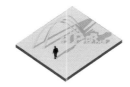

商业场景体验片段示例

15：00
在门户广场的雕塑
前与朋友见面

15：20
在屋顶花园与朋友聊
天，参加品咖啡活动

16：30
在社区商业综合体参加节日游园会活动

全龄——晚饭后休闲活动

19：10
来到社区底商买杯奶
茶，在青年运动口袋公
园看街头滑板

19：30
在休闲活动广场逛
文化夜市

18：15
在社区商业综合
体的特色公交站
下车，进商场吃饭

18：30
经过社区商业廊道买新鲜水果

年轻人——节日约朋友逛街

7: 00
经过**社区文化墙**，给节日
艺术展览拍照

18: 00
在**出租车落客点**送
朋友上车

45
社区商业廊道散步，买
水果零食

20: 00
在**屋顶花园**观看社区电影

上班族——下班一站式采购

18: 45
经过**邻里集市广场**，买点小吃回家当宵夜

主题 5

教育场景
EDUCATION
SCENE

生活场景理念

"

创造一个促进全
龄身心全面发展
的教育生活圈

"

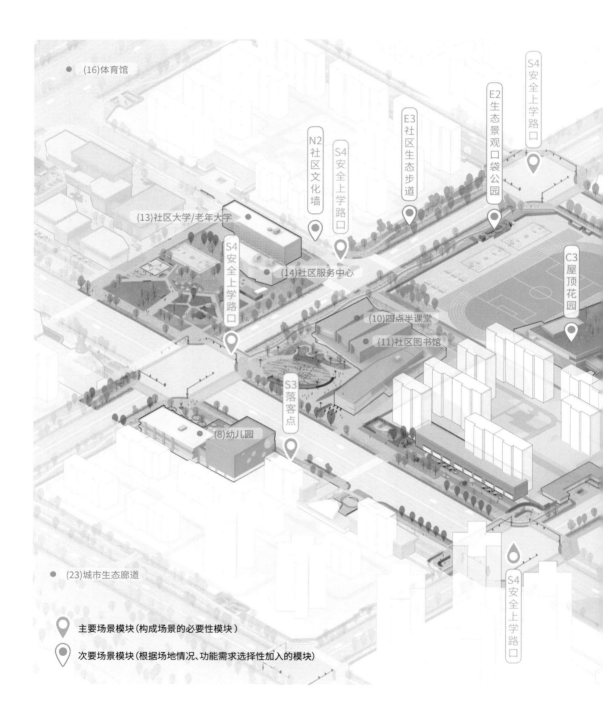

(16)体育馆

S4 安全上学路口

E2 生态景观口袋公园

E3 社区生态步道

S4 安全上学路口

N2 社区文化墙

C3 屋顶花园

(13)社区大学/老年大学

S4 安全上学路口

(14)社区服务中心

(10)四点半课堂

(11)社区图书馆

S3 落客点

(8)幼儿园

(23)城市生态廊道

S4 安全上学路口

主要场景模块(构成场景的必要性模块)

次要场景模块(根据场地情况、功能需求选择性加入的模块)

S4 安全上学路口

S4 安全上学路口

(9)中小学

N2 社区文化墙

S3 落客点

S2 学区入口广场

S4 安全上学路口

(19)周边社区

01 场景目标

>通过在城市公共空间创造教育体验，并与现有教育设施互联，实现教育体验从室内课堂到户外教学空间的扩展，以创造更丰富多元的素质教育环境。通过全社区、全龄的优质素质教育环境的构建，形成生活圈大学堂的文化修学氛围。

02 日常生活需求回应

>学童上下学及接送、户外素质教育、全龄教育。

03 场景关注点

>联通扩展教育资源：教育场景强调传统课堂与户外教育资源的联通，通过创造丰富的户外文体、生态教育资源，如在学校周边设置教育文化展示墙、趣味口袋公园等，对基础的学校教育设施进行内容上的补充和升级。

>全龄共享的教育氛围：场景应根据不同人群的教育需求构建教育空间，其服务对象应从传统的儿童拓展至涵盖青年、中年、老年、特殊人群等，将教育体验从空间范围及服务对象年龄范围进行多元拓展，形成全龄教育资源，创造全民学习氛围。

>安全的学区环境：提升幼儿园、学校等教育机构周边街区的交通安全，在其邻近街道路口设置安全设施，建设让家长放心孩子自主上下学的街区。

04 规划布局小贴士

>教育场景应临近学校、幼儿园、图书馆，以社群公园、社区文化中心等公共建筑为核心，并贯通各个教育相关的公共建筑、户外教育空间，形成教育场景的生活圈骨架。

>教育场景宜结合老年人相关的服务设施布置，以方便老人接送孩子后的活动安排。

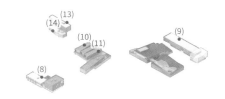

· 依托核心主题建筑及设施布局

(8) 幼儿园

(9) 中小学

(10) 四点半课堂

(11) 社区图书馆

(13) 社区大学 / 老年大学

(14) 社区服务中心

· 灵活联通生活圈内主题体验

安心接送动线

S2 学区入口广场

S3 落客点

S4 安全上学路口

素质探索机会

(15) 社群公园

S1 儿童口袋公园

N2 社区文化墙

E2 生态景观口袋公园

E3 社区生态步道

优质教育资源

(8) 幼儿园

(9) 中小学

(10) 四点半课堂

(11) 社区图书馆

(13) 社区大学 / 老年大学

C3 屋顶花园

· 兼容新旧城市空间

优化改造

(15) 社群公园

S4 安全上学路口

E3 社区生态步道

扩容改造

S3 落客点

保留

(8) 幼儿园

(13) 社区大学 / 老年大学

新建

S1 儿童口袋公园

S2 学区入口广场

S3 落客点

C3 屋顶花园

E2 生态景观口袋公园

N2 社区文化墙

(9) 中小学

(10) 四点半课堂

(11) 社区图书馆

· 灵活联通城市主题体验

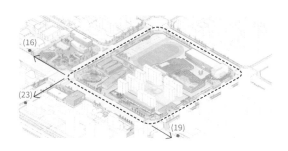

(16) 体育馆

(19) 周边社区

(23) 城市生态廊道

01 **主要场景模块**

>S1 儿童口袋公园

>S2 学区入口广场

>S3 落客点

>S4 安全上学路口

02 **次要相关模块**

>N2 社区文化墙

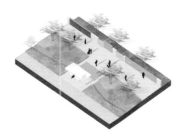

>E3 社区生态步道

>C3 屋顶花园

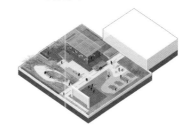

>E2 生态景观口袋公园

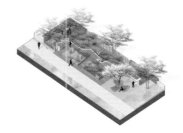

教育场景体验片段示例

7：30
到达学校门口的落客点

7：35
穿过学区入口广场进入学校

16：30
放学后在儿童口袋公园玩耍

17：00
步行路过安全上学路口

幼龄儿童——感知教育

16：30
爸爸妈妈接幼儿园小朋友放学

9：00
在社群公园参加老年摄影课

10：10
在社区文化墙参与生态科普专栏的共建

10：50
到达生态景观口公园，参与社区态花艺课堂

17：30
来到四点半课堂
上钢琴课

16：45
顺着社区生态步道在树荫
里漫步

17：00
顺着社区文化墙边
走路边看展

17：10
经过生态景观口袋公园观察
蝴蝶和瓢虫，扫码听讲解

11：30
到达社区图书
馆，查阅资料

12：00
到达老年大学食堂吃午餐，
准备下午上课

主题 6

社群场景
COMMUNITY
SCENE

生活场景理念

“

创造一个居民互联共建的凝聚生活圈

”

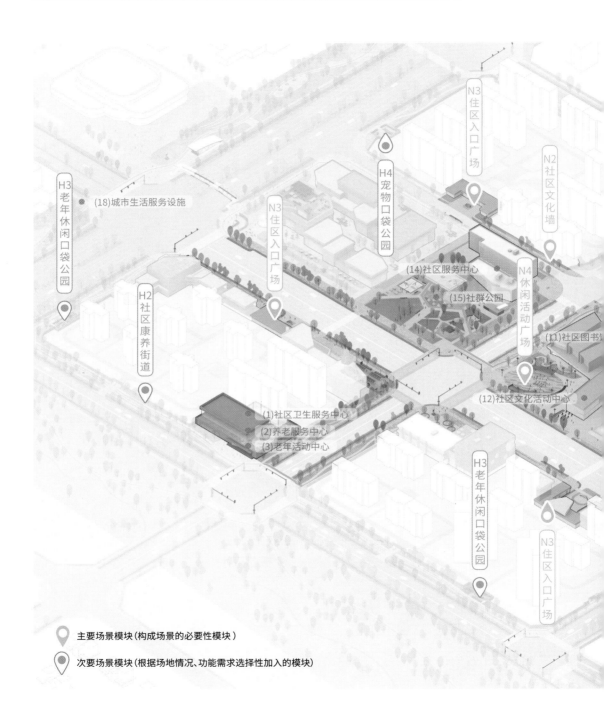

H3 老年休闲口袋公园

(18)城市生活服务设施

N3 住区入口广场

N2 社区文化墙

H4 宠物口袋公园

H2 社区康养街道

N3 住区入口广场

(14)社区服务中心

(15)社群公园

N4 休闲活动广场

(11)社区图书馆

(1)社区卫生服务中心
(2)养老服务中心
(3)老年活动中心

(12)社区文化活动中心

H3 老年休闲口袋公园

N3 住区入口广场

主要场景模块(构成场景的必要性模块)

次要场景模块(根据场地情况、功能需求选择性加入的模块)

(19)周边社区

N3住区入口广场

S1儿童口袋公园

N1邻里公约墙

(19)周边社区

01 场景目标

>将社区生活服务功能从家庭单元、小区单元升级为生活圈单元，通过城市界面空间的梳理对社群服务设施进行串联与提升，从而实现生活圈单元互助、信任、归属、共建的生活状态。

02 日常生活需求回应

>社区服务、日常归家服务、闲暇社群交际、社群主题聚会。

03 场景关注点

>完善生活圈服务设施：在政务服务、文化服务、邻里公约宣传等各个方面形成完善的生活圈社群服务网点系统。通过城市界面空间的有效串联，优化服务便捷程度。

>促进生活圈人际互动：从小区家门口、街道到社区中心，形成生活圈各个层级的社群人际交往激发节点。构建一系列可以容纳社交活动、促进邻里认识、增强社区归属感的城市界面空间。在社群场景硬件建设的基础上强化长期的社群软件服务，即社群的运营维护系统。

04 规划布局小贴士

>生活圈社群服务网点系统布置时宜采取核心扩散式系统，服务核心可以是提供主要社区服务的公共设施，如文体中心、行政办公等，也可以是生活圈主要的大型社区公共活动空间，如社群公园、大型广场等。宜通过生活圈活力轴线串联不同的服务核心。小型服务点宜设置在居住小区或公共设施出入口及周边，作为服务核心的补充。两者共同组成完善的社群服务网络。

>社区活动中心宜尽量与社区商业、大型社群公园或其他公共服务建筑，如社区卫生中心、运动场馆、图书馆等结合设置，创造一站式社区服务核心目的地。

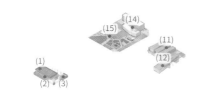

· 依托核心主题建筑及设施布局

(1) 社区卫生服务中心   (11) 社区图书馆

(2) 养老服务中心   (12) 社区文化活动中心

(3) 老年活动中心   (14) 社区服务中心

(15) 社群公园

· 灵活联通生活圈内主题体验

日常归家

N1 邻里公约墙

N3 住区入口广场

H2 社区康养街道

闲暇社交

N2 社区文化墙

N4 休闲活动广场

H3 老年休闲口袋公园

H4 宠物口袋公园

S1 儿童口袋公园

社区服务

(1) 社区卫生服务中心

(2) 养老服务中心

(3) 老年活动中心

(11) 社区图书馆

(12) 社区文化活动中心

(14) 社区服务中心

· 兼容新旧城市空间

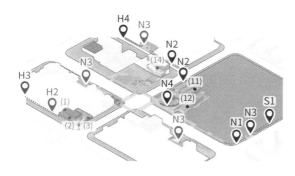

优化改造

N3 住区入口广场

H2 社区康养街道

扩容改造

H3 老年休闲口袋公园

保留

(1) 社区卫生服务中心

(2) 养老服务中心

(3) 老年活动中心

(14) 社区服务中心

新建

N1 邻里公约墙

N2 社区文化墙

N3 住区入口广场

N4 休闲活动广场

H4 宠物口袋公园

S1 儿童口袋公园

(11) 社区图书馆

(12) 社区文化活动中心

· 灵活联通城市主题体验

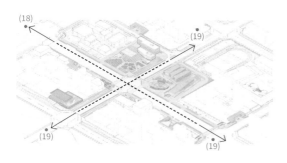

(18) 城市生活服务设施

(19) 周边社区

01 **主要场景模块**

02 **次要相关模块**

>N1 邻里公约墙

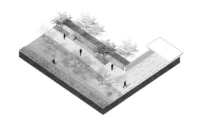

>H2 社区康养街道

>N2 社区文化墙

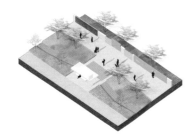

>H3 老年休闲口袋公园

>N3 住区入口广场

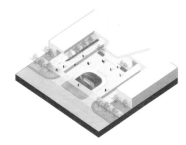

>H4 宠物口袋公园

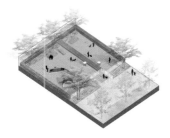

>N4 休闲活动广场

>S1 儿童口袋公园

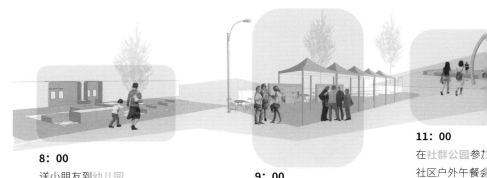

8：00
送小朋友到幼儿园

9：00
在休闲活动广场看社区
文化展

11：00
在社群公园参加
社区户外午餐会

全龄——办理事务出行

10：00
通过住区入口广场
出门

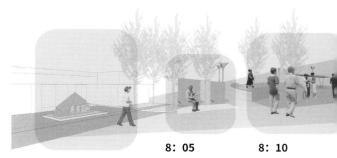

8：00
从住区入口广场出门

8：05
经过邻里公约墙

8：10
来到休闲活动广
场散步聊天

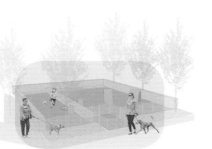

12：00

家路上经过社
文化墙，跟邻
聊天

12：30

在宠物口袋公园陪狗狗运动后
回家

10：05

经过社区图书馆，
领取经社区 App
上传后打印出的
证明文件

11：00

携文件到达社区
卫生服务中心办
业务

16：00

来到社群公园参加社区
义诊活动

00

到社区卫生服务中心复
身体，然后在老年活动
心参加活动

11：00

经过社区康养街道回家

Chapter **7**

生活时刻模块手册

H1	青年运动口袋公园	C1	邻里集市广场 / 草坪
H2	社区康养街道	C2	社区商业廊道
H3	老年休闲口袋公园	C3	屋顶花园
H4	宠物口袋公园		
H5	城市全龄跑道	S1	儿童口袋公园
H6	非机动车停靠点	S2	学区入口广场
		S3	落客点
I1	门户广场	S4	安全上学路口
I2	城市绿带公园		
I3	防护绿带公园	N1	邻里公约墙
		N2	社区文化墙
E1	花园式院墙	N3	住区入口广场
E2	生态景观口袋公园	N4	休闲活动广场
E3	社区生态步道		
E4/ E5	雨水花园 / 生态草沟		

周边社区

行政办公区

体育馆

N2 社区文化墙

C3 屋顶花园

H4 宠物口袋公园

I4 形象标识

I1 门户广场

C1 邻里集市草坪

城市生活服务设施

H3 老年休闲口袋公园

I3 防护绿带公园

S4 安全上学路口

I2 城市绿带公园

H2 社区康养街道

H5 城市全龄跑道

N3 住区入口广场

E3 社区生态步道

C1 邻里集市广场

E5 生态草沟

I6 指向标识

E4 雨水花园

城市生态廊道

城市生态廊道

健康场景生活时刻模块

形象场景生活时刻模块

生态场景生活时刻模块

商业场景生活时刻模块

教育场景生活时刻模块

社群场景生活时刻模块

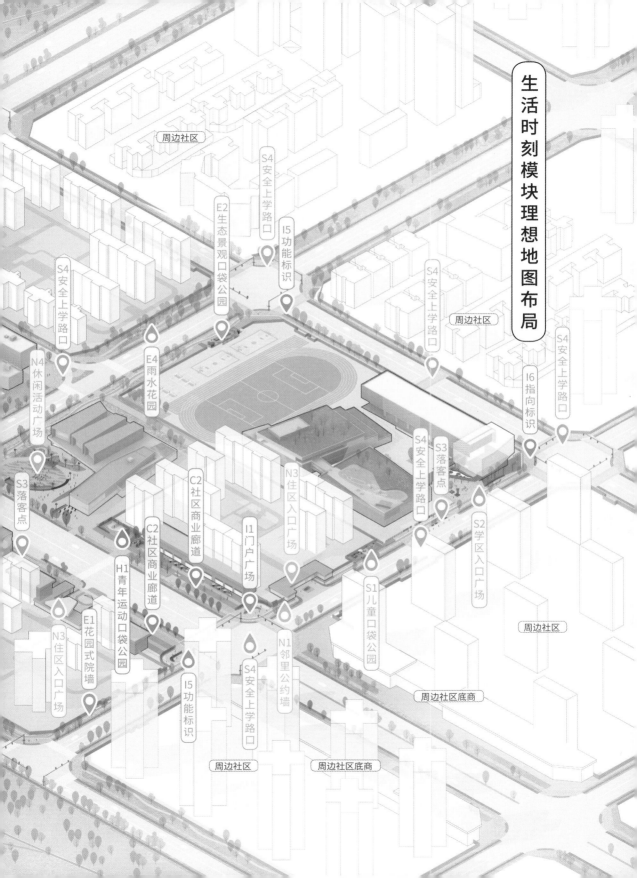

生活时刻模块理想地图布局

周边社区

E2生态景观口袋公园

S4安全上学路口

I5功能标识

S4安全上学路口

周边社区

S4安全上学路口

S4安全上学路口

N4休闲活动广场

E4雨水花园

I6指向标识

S3落客点

C2社区商业廊道

N3住区入口广场

S4安全上学路口

S3落客点

C2社区商业廊道

I1门户广场

S2学区入口广场

H1青年运动口袋公园

E1花园式院墙

N3住区入口广场

S1儿童口袋公园

周边社区

I5功能标识

S4安全上学路口

N1邻里公约墙

周边社区底商

周边社区

周边社区底商

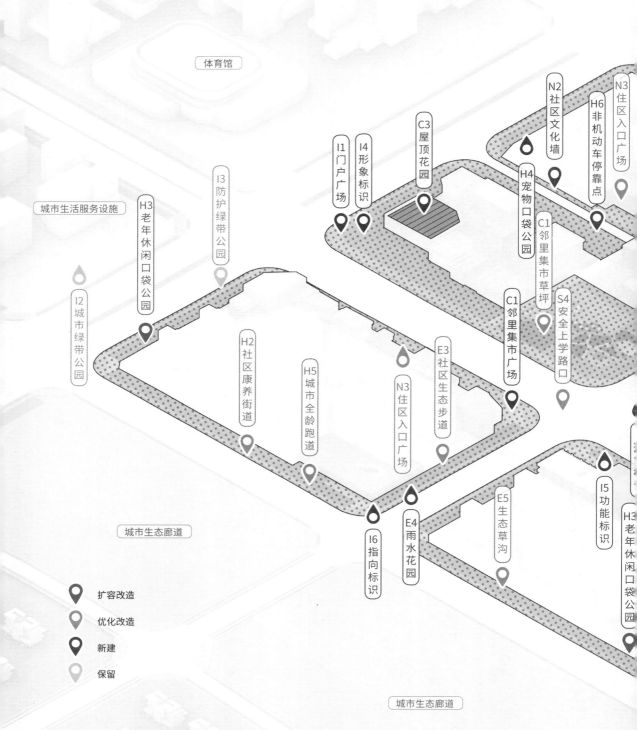

周边社区

行政办公区

体育馆

城市生活服务设施

I3 防护绿带公园

N2 社区文化墙

N3 住区入口广场

H6 非机动车停靠点

C3 屋顶花园

I1 门户广场

I4 形象标识

H4 宠物口袋公园

C1 邻里集市草坪

N3 住区入口广场

H3 老年休闲口袋公园

I2 城市绿带公园

H2 社区康养街道

H5 城市全龄跑道

N3 住区入口广场

E3 社区生态步道

C1 邻里集市广场

S4 安全上学路口

I6 指向标识

E4 雨水花园

E5 生态草沟

I5 功能标识

H3 老年休闲口袋公园

城市生态廊道

扩容改造

优化改造

新建

保留

城市生态廊道

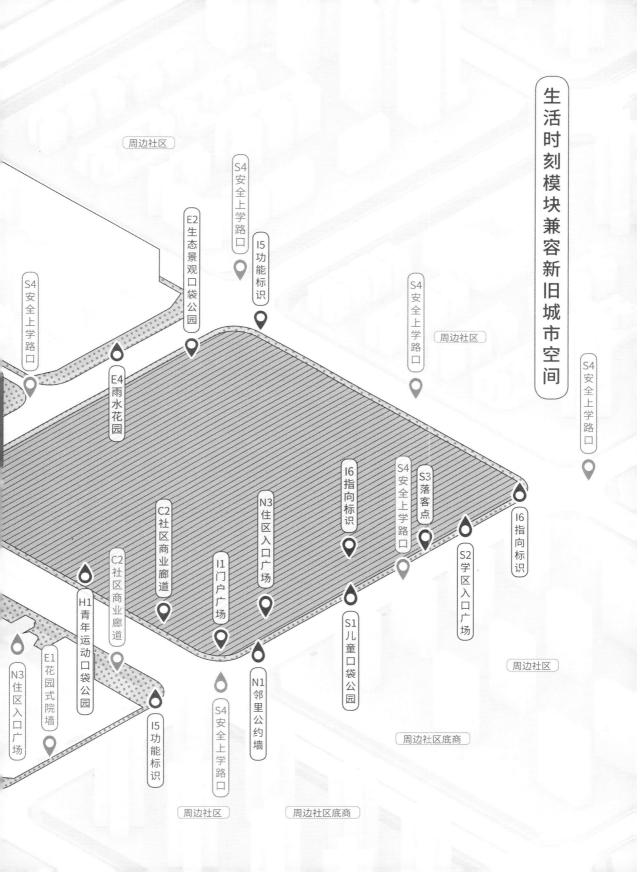

生活时刻模块兼容新旧城市空间

周边社区

S4 安全上学路口

E2 生态景观口袋公园

I5 功能标识

S4 安全上学路口

周边社区

S4 安全上学路口

S4 安全上学路口

E4 雨水花园

I6 指向标识

S4 安全上学路口

S3 落客点

I6 指向标识

C2 社区商业廊道

N3 住区入口广场

S2 学区入口广场

C2 社区商业廊道

I1 门户广场

H1 青年运动口袋公园

S1 儿童口袋公园

周边社区

N3 住区入口广场

E1 花园式院墙

I5 功能标识

N1 邻里公约墙

周边社区底商

S4 安全上学路口

周边社区

周边社区底商

H1

青年运动
口袋公园

YOUTH SPORTS
POCKET PARK

生活时刻理念

“

让街道可以潮起
来、玩起来

”

H1 ——————————————————

01 模块应用原则

模块定义
>街头青年活力运动公园。

尺度建议
>总面积建议 ≥ 180 平方米。

重点使用人群
>生活圈的年轻人及爱好运动的全龄群体。

交通设施建议
>主入口附近 100 米内宜设置非机动车停
靠点及共享单车停放区。

02 模块位置建议

位置建议
>宜设置于年轻人喜爱聚集的商业入口、
学校入口周边 150 米内。
>服务半径 1000 米。

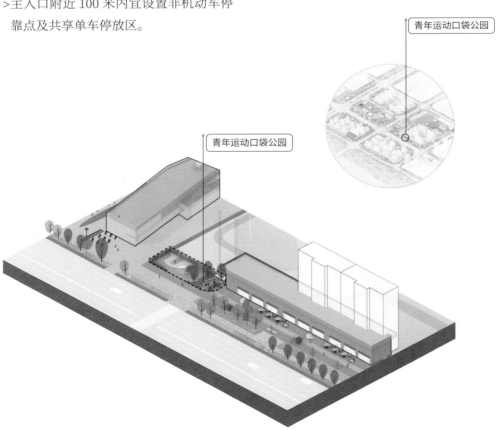

青年运动口袋公园

青年运动口袋公园

01 使用人群日常需求访谈

自由大球运动、活力社交、形象视觉需求

>放学路上缺少可以和同学进行大球运动的场地。

" 平时跟朋友打球，都要走很远，才能找到球场 "

" 带球场的小区好多都不对外开放，而且晚一点打球的话，容易扰民，会被投诉 "

特殊街头运动、年轻潮流文化需求

>缺少安全的专业滑板场地，在车道、人行道上滑行安全隐患大。

" 滑板的场地太少 "

" 我们只能在半夜没人时或者闲置空地上滑滑板，经常需要换场地 "

轻健身、体能检测需求

>街区缺少针对部分年轻人群的前卫轻运动设施。

" 我们年轻女性其实更希望有一些前卫、有科技感的轻运动打卡体验 "

02 模块设计导向

回应自由大球运动、活力社交、形象视觉需求

社交型运动

应以球场互动参与为设计理念，设置篮球场地、趣味互动墙等，宜设置社区稀缺的大球运动的全龄游玩场地。

回应特殊街头运动、年轻潮流文化需求

街头文化运动

应以街头滑板、时尚潮流为设计理念，创造以街头文化为特色的年轻人群运动场地。

回应轻健身、体能检测需求

智能健身体验

主张科技健身氛围，设置热身健体、智能运动设施，创造面向未来的科技型热身健体场地。

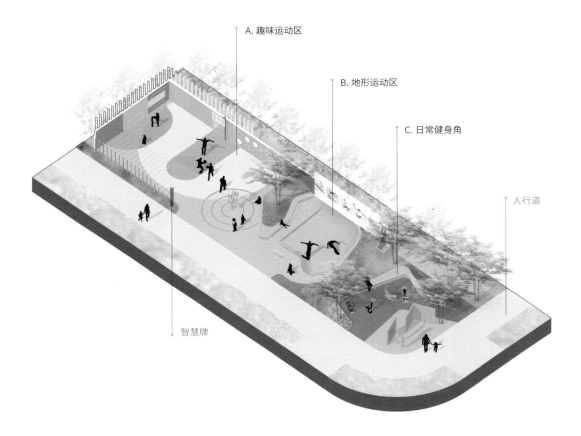

A. 趣味运动区

B. 地形运动区

C. 日常健身角

人行道

智慧牌

A . 趣味运动区　　　　**B . 地形运动区**　　　　**C . 日常健身角**

01 场地设计原则

总空间布局原则

> 在总面积 <180 平方米的场地中，应优先选择布置 A 功能块。

> 在空间不连续的场地中，A、B、C 功能块可就近分开布置。

> A. 趣味运动区：宜选择空间最小宽度 ≥ 5 米、形状较为方正的场地布置。

> B. 地形运动区：宜选择空间最小宽度 ≥ 10 米、形状较为方正或长条形的场地布置。

> C. 日常健身角：可与其他相邻空间结合布置，如道旁绿化等。

入口尺度原则

> 公园入口宽度宜 ≥ 5 米。

入口位置原则

> 公园各个功能区宜分别设置入口，服务不同人群。

内部流线组织原则

> 通行流线宜与玩耍区域流线分开，提高运动人员的安全性。

与周边界面的关系原则

> 地形运动区宜与其他功能区保持 ≥ 3 米宽的绿化安全隔离，且滑行区域与人行道距离宜 ≥ 3 米。

> 公园与住区、学校等相邻功能区之间宜设置隔音墙。

02 植栽及材质原则

软硬比原则

> 宜 ≥ 3：7。

林下空间占比

> 宜 ≥ 30%。

上层植栽原则

> 公园宜选择树冠宽阔的遮阳型常绿乔木，无落花、落果、落叶。

下层植栽原则

> 公园宜选择无刺植物，宜选择设置草坪或观赏草等柔软植物。

> 公园应避免种植枝干型灌木，防止植物枝干对人造成擦伤。

材质原则

> 公园宜选择具有街头运动文化感的铺装及家具。

> 公园各运动区铺装及设施应满足相应的运动功能标准要求、地面强度要求、防摔措施要求以及铺装材质要求。

A 趣味运动区

设计导向

>应注重球场的互动参与性，设置篮球场地、趣味互动墙等，不一定采用标准尺寸，创造可以进行大球运动的全龄游玩场地。

功能选项设置原则

>宜在小学、中学附近优先选择设置。

B 地形运动区

设计导向

>应以时尚潮流为设计理念，通过街头滑板设施创造以街头文化为特色的年轻人群运动场地。

功能选项设置原则

>宜在商业街区附近优先选择设置。

C 日常健身角

设计导向

>强调科技健身氛围，设置热身健体、智能运动设施，创造面向未来的科技型热身健体场地。

功能选项设置原则

>宜在住宅小区入口附近、跑道沿线优先选择设置。

A 趣味运动区

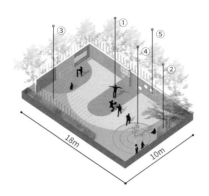

18m　10m

活动规划

>篮球运动、游戏篮球、趣味游戏。

分区空间布局原则

>面积宜≥ 50 平方米。

>应尽量避免与人行道距离太近，减少与人行道相邻的区域，增强安全性。宜单独设置入口。

01 基础功能

①篮球半场

>宜设置标准篮球筐与篮球半场。

②社交休闲看台

>座椅与游戏设施宜保持≥ 2 米的安全距离。

③趣味栏杆

>栏杆间距应≤ 0.11 米，高度应≥ 1.05 米;栏杆应平滑无尖角。

02 可选功能

④街头篮球游戏篮筐

>应选择设置不同高度的游戏篮筐组合，以满足儿童游玩需求。

⑤趣味互动墙

>应结合院墙、公共建筑墙面创造，可通过墙体图案设计丰富墙体功能。

B 地形运动区

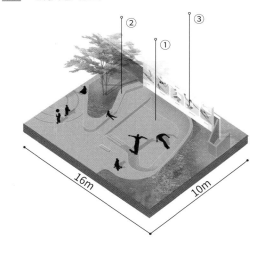

活动规划
>街头滑板。

分区空间布局原则
>面积宜≥ 100 平方米。

>应尽量避免与人行道距离太近、减少与人行道相邻的区域，增强安全性。宜单独设置入口。

01 基础功能

①地形滑板池
>碗池造型应简洁，应以低难度、高安全系数为标准，非专业碗池。

②社交休闲台阶
>座椅区宽度应局部按照看台尺寸设计，宽度宜为 1 ～ 1.2 米，形成多层观众看台，聚集场地人气。

02 可选功能

③广告位、文化墙
>应由物业管理委员会、居委会定期更换维护，宜展示社区运动健身相关文化信息。

C 日常健身角

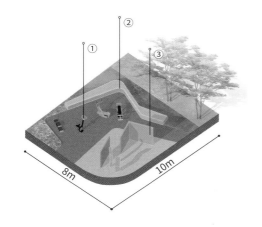

活动规划

>热身健体、智能运动、智能身体检测。

分区空间布局原则

>面积宜≥ 30 平方米。

>宜尽量沿人行道方向布置，健身时可观
赏街景。

>可与其他区域共用入口。

01 基础功能

①热身器械

>宜布置于通风、遮阴良好的区域。

>应提供 3 ～ 5 组不同功能的运动器械。

>每个器械周边预留安全防护空间，距离
应满足产品规定。

②休息座椅

>宜布置于通风，遮阴良好区域。

>应提供占总面积 5% 及以上的休息座椅，
其中应有≥ 2 个无障碍座椅，提供靠背
扶手等功能。

02 可选功能

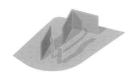

③智能体能检测

>宜结合智慧身体监测、人脸识别数据记
录、AR 互动游戏、体感识别技术等创造
多功能智慧运动设施。

社区康养
街道
COMMUNITY
AGE-FRIENDLY
STREET
生活时刻理念

"

康体健身无障碍
出行

"

01 模块应用原则

模块定义

> 通过设置康体设施及人性化设施，满足康体健身、辅助疗养、体质增强、精神放松等需求的主题街道。

尺度建议

> 总宽度建议≥7米，局部节点宽度≥10米。

重点使用人群

> 生活圈全龄居民，尤其是出行需要无障碍设施的老年人群、特殊人群。

交通设施建议

> 应与城市公交车站、非机动车停靠点、安全街口等有便捷联系。

02 模块位置建议

位置建议

> 宜设置于与老年人活动相关的康养场所周边，如疗养院、老年公寓等，尽可能串联城市口袋公园。

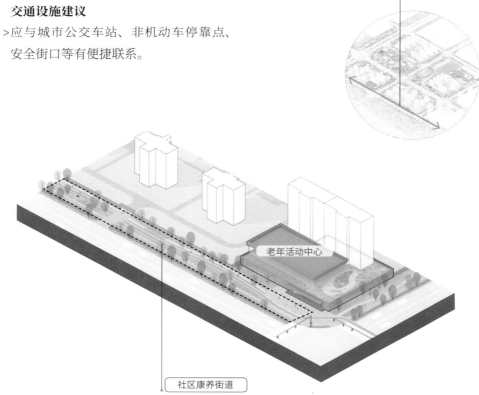

社区康养街道

老年活动中心

社区康养街道

01 使用人群日常需求访谈

休憩需求

>老年人体力较差，休息设施不足，路面坡度较大，台阶较多，马路过宽等都对出行造成很大不便。

> " 希望每天去菜市场的路上多一些休息的座椅 "

无障碍需求

>轮椅出行不便，无全面无障碍考虑。

> " 小区入口的无障碍通道比较陡，我看很多坐轮椅的业主回家很费劲 "

> " 无障碍设计可以更人性化，残障人士本来就需要更便捷的路线，但无障碍通道往往要绕路 "

社交群聚、康体疗养需求

>老人有较强的社交群聚需求，疗养康体需求等在设计中考虑不充分。

> " 健身器械应该设置得多一点儿，几个人一起锻炼也好聊天 "

> " 傍晚大家都出来散步，希望社区有更多休息和聊天的地方 "

02 模块设计导向

回应休憩需求

关怀休憩节点
设置充分的休憩设施助力老年人出行，如路边休憩节点、坡道中的休憩平台、过街中岛扶栏等。

回应无障碍需求

无障碍出行
细节关注无障碍设计规范，让使用轮椅的特殊人群也能方便出行。

回应社交群聚、康体疗养需求

增加社交机会
设置鼓励交流的多人式、围合式街区家具，局部设置鹅卵石路等日常康体设施。

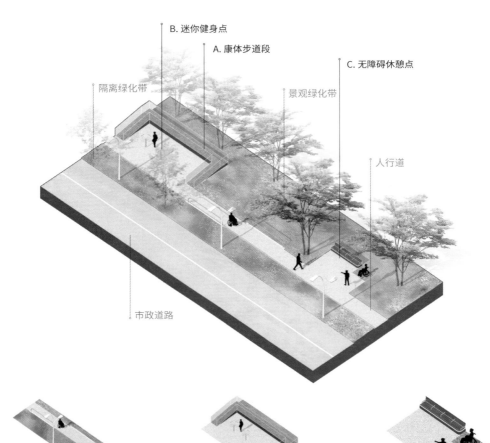

B. 迷你健身点

A. 康体步道段

C. 无障碍休憩点

隔离绿化带

景观绿化带

人行道

市政道路

A. 康体步道段

设计导向

>通过安全辅助设施扩大康养街道适用人群。

功能选项设置原则

>宜在医院、养老院等设施周边设置。

B. 迷你健身点

设计导向

>通过提供小型适老型健身设施帮助老年人提升身体或脑力健康水平。

功能选项设置原则

>宜在老年活动中心、社区中心、学校等设施周边设置。

C. 无障碍休憩点

设计导向

>设置多人及单人休憩设施，助力老年人出行及社交。

功能选项设置原则

>宜在康养步道长度 ≥ 100 米时设置。

01 场地设计原则

总空间布局原则

> 当可用空间宽度 ≥ 10 米时，应设置连续的 A（康体步道段）功能模块，B 与 C（迷你健身点与无障碍休憩点）作为整体，间隔设置。

> 在宽度 <10 米的路段，应优先选择布置 A 与 C（康体步道段与无障碍休憩点）功能模块。

> 节点间距 50 ～ 100 米。

人行道

> 宽度宜 ≥ 2 米。

> 行走方向坡度应不超过 5%。

景观绿化带

> 宽度宜 ≥ 2 米。

> 宜在人行道与围墙之间设置。

> 宜结合场地高程设计设置雨水花园，详见雨水花园模块。

隔离绿化带

> 宽度宜 ≥ 3 米。

> 设计地形起伏形成降噪、减污隔离带，地形坡度不大于 3 ∶ 1，提升步行体验。

02 植栽及材质原则

上层植栽原则

> 宜选择常绿与落叶树木混合种植，夏季为座位处遮阴，冬季有阳光洒落；应选择无落果的树种，减少路面阻碍；局部点缀开花树种。

下层植栽原则

> 宜选择枝干不阻碍步道的观赏草或小型地被。

材质原则

> 应选择防滑且平整压实的铺装材质，避免大缝隙、松弛地面。

> 宜选用自然健康的材质、如木材、石材的铺装及家具。

> 家具和设施应满足无障碍规范要求，应设置满足无障碍规范的盲道铺装。

> 迷你健身点可局部设置鹅卵石铺地等丰富康体体验的材料。

03 特殊功能设施

> 无障碍休憩点应包含带靠背扶手、轮椅停位、休憩座椅。

> 健康科普检测牌（宜结合声音播放、脑力及体能线上检测等提升科普体验）。

> 急救设施，可与周边建筑结合设置。

04 其他备注

> 休憩区可替换为其他城市口袋公园。

> 建筑入口与步道连接处如果有高差，应设置坡度 <12% 的无障碍坡道，两侧设置 0.9 米的扶手。

> 过街处应设置无障碍路缘坡道，为轮椅使用者提供便利。

B **迷你健身点**

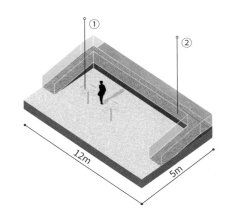

①
②

12m

5m

活动规划

> 坡道健身、器械健身、健康知识科普。

分区空间布局原则

> 面积宜 ≥ 30 平方米。
> 健身器材应避免与人行道距离太近，至少保持 2 米的安全缓冲距离。
> 宜单独设置入口。

01 **基础功能**

①老人运动器械

> 场地通风、遮阴良好。
> 运动器械局部应考虑可供坐轮椅的人士使用。

02 **可选功能**

②健身坡道

> 坡度应 ≤ 8%。
> 应全程设置双层高低扶手，方便行走人群与坐轮椅人群使用。

注：模块功能 A 内容较为简单，故不单独设置功能块设计导则。

C 无障碍休憩点

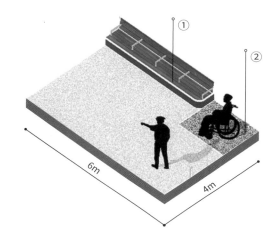

活动规划

>休憩社交、无障碍出行、健康知识科普。

分区空间布局原则

>面积宜 ≥ 10 平方米。

>应与人行道直接相接，方便老年人或残障人士直接进入。

>可与其他区域共用入口。

01 基础功能

①休憩座椅

>场地应通风、遮阴良好。

>所有座椅都应有靠背扶手。

02 可选功能

②轮椅停位

>每 5 个座椅应设置 1 个轮椅停位。

>停位最小尺寸应为 2 米 ×2 米。

>停位铺装应设置地面轮椅停位标识，防止其他活动占用。

📍**H3**

老年休闲
口袋公园

SENIOR POCKET
PARK

生活时刻理念

"

共享陪伴与关爱
的老年养生朋友
圈

"

01 模块应用原则

模块定义

>健康绿色的老年社交、休闲、健身口袋公园。

尺度建议

>总面积建议 ≥ 200 平方米。

重点使用人群

>生活圈中有简单康体健身诉求的中老年人。

交通设施建议

>宜设置于生活圈主要人行体验流线或环线两侧，尽量避免设置在城市快速路两侧。

>宜与城市人行道便捷相连，与公共交通设施临近设置。

02 模块位置建议

位置建议

>宜设置在与老年人活动相关的功能设施周边 150 米内，如康养机构入口、学校及社区底商周边等。

>服务半径 500 米。

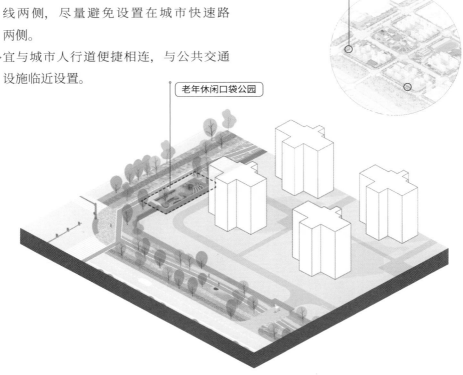

老年休闲口袋公园

老年休闲口袋公园

01 使用人群日常需求访谈

兴趣爱好空间、社区关怀需求

> 老年人群棋牌爱好者较多，室内棋牌室空气不好，社区缺少户外下棋社交的地方。

> 如果能在家附近给老年人留一个冬暖夏凉的棋牌娱乐空间就好了，现在都挤在街边花坛下棋

02 模块设计导向

回应兴趣爱好空间、社区关怀需求

老人兴趣爱好

应注重棋牌文化、思维训练，创造符合老年人兴趣爱好的户外文化活动空间。

社交、康体健身需求

> 社区缺乏从家门口便捷易达的锻炼、社交空间。

> 老年人其实很怕孤独，我就喜欢出门遛弯，锻炼下身体，也和邻居多聊聊天

回应社交、康体健身休憩空间需求

康体社交环境

设计应提供符合老年人需求的健身设施，并促进老年人社交，创造有益身心健康的社区康养环境。

身心健康、形象视觉需求

> 老人步行出门时间较多，但街上缺少环境好、亲近自然、有座椅的休憩场所。

> 要是街道旁有些小公园可以看看花、晒晒太阳就好了，大公园离得很远

回应身心健康、形象视觉需求

自然疗养花园

强调自然健康氛围，应注重丰富的自然植物和材质的运用，创造植物疗养氛围和有益健康的植物花园。

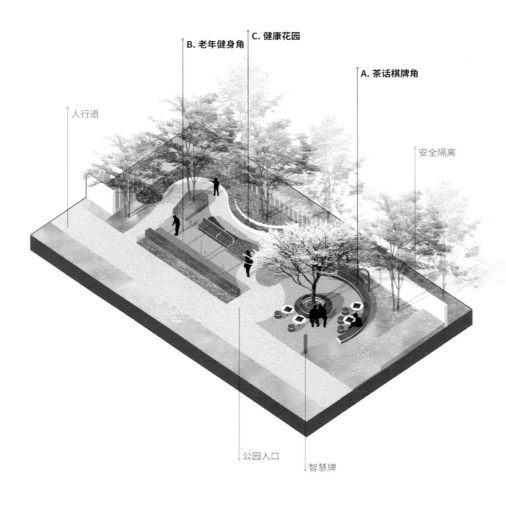

B. 老年健身角

C. 健康花园

A. 茶话棋牌角

人行道

安全隔离

公园入口

智慧牌

A. 棋牌茶话角

B. 老年健身角

C. 健康花园

01 场地设计原则

总空间布局原则

>在总面积 <200 平方米的场地中，应优先选择布置 A 功能块。

>在空间不连续的场地中，A 功能块可单独布置，B、C 功能块尽量布置在一起。

>A. 棋牌茶话角：宜选择空间最小宽度≥3 米、形状较为方正或长条形的场地布置。

>B. 老年健身角：宜选择空间最小宽度≥5 米的场地布置，场地形状不限。

>C. 健康花园：可与其他相邻空间结合布置，如道旁绿化等。

入口尺度原则

>公园入口宽度宜≥5 米。

入口位置原则

>公园宜设置 2 个入口或开放界面，实现流畅步行体验。

内部流线组织原则

>流线设计应流畅、平坦、无急转弯，为老年人提供便捷通行通道。

02 植栽及材质原则

软硬比原则

>宜≥7：3。

林下空间占比

>宜≥50%。

上层植栽原则

>公园宜选择常绿与落叶树木混合种植，夏季为座位处遮阴，冬季有阳光洒落，宜选择无落果的树种，局部点缀开花树种。

下层植栽原则

>公园宜选择设置多色彩、多芳香气味、观赏价值高、季节变换丰富的趣味性植物。

材质原则

>公园宜选择自然健康的材质，如木材、石材的铺装及家具，局部采用按摩型卵石铺装；注意材质的防滑处理。

>健身区域铺装材质应选择柔软防摔的塑胶等。

>公园所有家具和设施应满足无障碍规范要求。

03 特殊功能设施

>健康科普检测牌（宜结合声音播放、脑力及体能线上检测等提升科普体验）。

>急救设施。

A **棋牌茶话角**

设计导向

>应注重棋牌文化、思维训练，创造符合老年人兴趣爱好的户外文化活动空间。

功能选项设置原则

>宜在老年人公寓、住宅小区门口、老年活动中心、养老服务中心、学校门口附近优先设置。

B **老年健身角**

设计导向

>设计应提供符合老年人需求的健身设施，并促进老年人社交，创造有益身心健康的社区康养环境。

功能选项设置原则

>宜在老年人公寓、社区卫生服务中心附近优先设置。

C **健康花园**

设计导向

>强调自然健康氛围，应注重丰富的自然植物和材质的运用，创造植物疗养氛围和有益健康的植物花园。

功能选项设置原则

>宜在老年人公寓、社区卫生服务中心附近优先设置。

A 棋牌茶话角

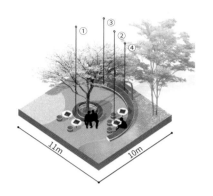

活动规划

>围棋、打牌、社交、喝茶、遛鸟。

分区空间布局原则

>面积宜≥100 平方米。

>宜尽量沿人行道方向布置，以增加空间的开放参与感和开阔的街道视线互动。可与其他区域共用入口。

01 基础功能

①座椅树池

>宜选择自然风格的材质，应带靠背和扶手，提升舒适度，满足老年人搀扶需求。

>植栽带花台高度宜为 0.5～0.8 米，便于老年人观赏、触摸花坛植物。

②棋牌桌椅

>宜设置带有国际象棋、象棋、围棋棋盘的棋桌。

02 可选功能

③风雨廊架

>宜加强场地遮风避雨功能，尤其是座椅区域。

④休憩座墙

>应局部带靠背，每1.5米设置扶手,提升舒适度,满足老人搀扶需求。

B 老年健身角

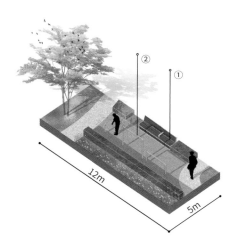

活动规划
>老年人特殊复健活动、无障碍休闲区。

分区空间布局原则
>面积宜≥ 40 平方米。
>宜尽量沿人行道方向布置，健身时可观
察来往行人。
>应保证足够的活动回转缓冲区域。
>可与其他区域共用入口。

01 **基础功能**

①休憩座椅（带无障碍轮椅停位）
>每 5 个人普通座椅应设置 1 人轮椅区域。
>轮椅区域应满足规范要求的回转半径，
并应适配各轮椅型号。
>轮椅区域应与外围平缓相接，应满足国
家无障碍规范的其他要求。

02 **可选功能**

②老年人特殊复健器材
>复健器材应选择普通老年人及乘坐轮椅
的老年人都可以使用的器械。
>可结合智能科技设置辅助康健设施。

C 健康花园

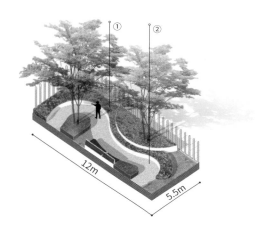

活动规划

>植物疗养、特殊材质疗养。

分区空间布局原则

>面积宜≥60平方米。

>宜尽量沿人行道方向布置，在通过绿化围合，提升空间安全性的同时，保持开阔的街道视线互动。

>应与人行道串联形成环路。

>可与其他区域共用入口。

01 基础功能

①触摸花园

>宜选择设置多色彩、多芳香气味、观赏价值高、季节变换丰富的趣味性植物，提升花园的疗愈氛围。

02 可选功能

②卵石按摩步道

>应注重安全性，设置大小和凹凸均匀的硬质卵石铺地。

H4

宠物
口袋公园
DOG POCKET
PARK
生活时刻理念

"
和谐友爱的萌宠
乐园
"

01 模块应用原则

模块定义

>宠物训练社交公园。

尺度建议

>总面积建议≥ 100 平方米。

重点使用人群

>生活圈中的宠物及主人。

交通设施建议

>应设置于生活圈主要人行体验流线或环线两侧，尽量避免设置在城市快速路两侧。

02 模块位置建议

位置建议

>宜设置于居住区入口、社区商业周边 300 米内；宜与城市跑道相邻；宜避开幼儿园、养老院、医院等弱势群体场所。

>服务半径 1000 米。

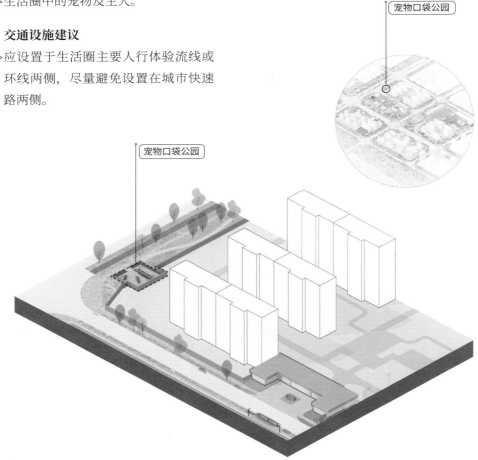

宠物口袋公园

宠物口袋公园

01 使用人群日常需求访谈

宠物独立空间、宠物友好、社区外遛狗需求

> 户外缺少可以让宠物自由安全奔跑的空间，以及专门的宠物场所。

> 如果能有专门的遛狗空间，让狗狗也有可以不系狗绳的安全的玩耍空间就好了

干净的养宠社区、形象视觉需求

> 大城市宠物友好的社区很少，养宠物常常会使其他住户对社区卫生条件产生担忧。

> 社区如果多一些宠物清洁站点，提供粪便回收袋，会有更多的人清理宠物粪便

宠物友好、安全养宠需求

> 社区缺乏合理的宠物空间规定。

> 其实，我不反对小区养宠物，但是得约法三章，不能没有素质，比如，不系狗绳会带来很大的安全隐患

02 模块设计导向

回应宠物独立空间、宠物友好、社区外遛狗需求

宠物关爱
设计应创造适合狗玩耍、训练及主人休憩的独立安全宠物空间。

回应干净养宠社区、形象视觉需求

社区卫生道德
设计应该注重公园的卫生设施的选择设置，保证卫生养宠，素质养宠。

回应宠物友好、安全养宠需求

安全、友好、和睦
设计应注重公园安全设施的选择，保证社区宠物和人的安全，制定和宣传养宠公约。

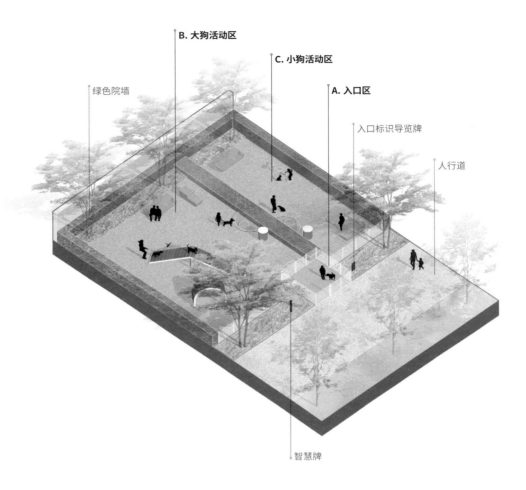

B. 大狗活动区

C. 小狗活动区

A. 入口区

绿色院墙

入口标识导览牌

人行道

智慧牌

A . 入口区

B. 大狗活动区

C. 小狗活动区

01 场地设计原则

总空间布局原则

> 在空间充足的场地，大狗和小狗的场地应分开布置，在空间局限的场地中，可合并设置为需要牵引绳区域。

> 公园应尽量避免与人行道距离太近、减少与人行道相邻的区域，增加安全性，减少公园对行人的干扰。

入口尺度原则

> 公园应设置双层安全入口空间，双层 1.2 米宽、0.6 米高的安全门。

> 采用单向内推门防止宠物跑出。

> 双层门之间留有 3 米 ×3 米的回转距离。

入口位置原则

> 公园应只设置 1 个与人行道相连的入口。

内部流线组织原则

> 公园宜在入口对大狗和小狗空间流线进行分流，让它们进入各自的活动区域。

与周边界面的关系原则

> 公园沿街边界应设置 1 ～ 1.4 米高的格栅围栏，防止宠物跑出，同时保证通透的街道视线。

> 公园应在另外三边设置 1 米高的绿篱密植，防止宠物跑出。

02 植栽及材质原则

软硬比原则

> 宜≥ 3：7。

林下空间占比

> 宜≥ 30%。

上层植栽原则

> 公园宜选择树冠宽阔的遮阳型乔木。

下层植栽原则

> 公园宜选择对宠物无毒及柔软的植物。

材质原则

> 公园宜选择耐践踏、耐撕咬、材料组合丰富、易清洁的铺装，建议使用碎砂石、草坪、假草。

03 特殊功能设施

> 养宠公约牌。

A 入口区

设计导向

>应注重入口的安全性，设置双层入口，
以防止进出开门时宠物跑出。

功能选项设置原则

>此项为宠物口袋公园的必选功能块。

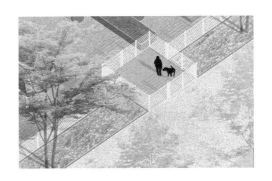

B 大狗活动区

设计导向

>设计应提供适合大狗活动的空间，设
置符合大狗尺度的跳跃训练障碍物、
抛接球球场等。

功能选项设置原则

>宜在人流量较小的街道设置。

C 小狗活动区

设计导向

>设计应提供适合小狗活动的空间，设
置符合小狗尺度的小品游乐设施。

功能选项设置原则

>宜在人流量较小的街道设置。

B 大狗活动区

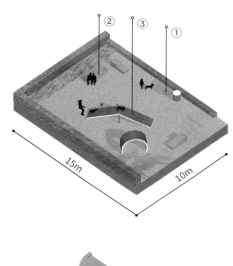

②　③　①

15m
10m

活动规划

>大狗游玩、社交、训练。

>狗主人遛狗、社交。

分区空间布局原则

>大狗空间面积宜为 150～170 平方米。

>宜尽量与人行道保持距离，在离人行道较近时，短边沿人行道布置。

>可与小狗活动区共用入口。

01 基础功能

①垃圾桶与狗饮水池、洗手池

>参考小狗活动区。

②主人休憩座椅

>参考小狗活动区。

02 可选功能

③大狗训练器械

>宜选择适合大狗体形和爱好的活动器械。

>应与绿篱、座椅区保持一定距离，防止大狗飞越。

注：模块功能 A 内容较为简单，故不单独设置功能块设计导则。

C 小狗活动区

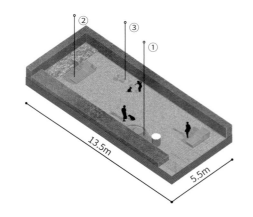

13.5m

5.5m

活动规划

> 小狗游玩、社交。
> 狗主人遛狗、社交。

分区空间布局原则

> 小狗空间面积宜为 50 ～ 80 平方米。
> 宜尽量与人行道保持距离，当离人行道较近时，短边沿人行道布置。
> 可与大狗活动区共用入口。

01 基础功能

① 垃圾桶与狗饮水池、洗手池

> 宜设置粪便塑料袋取用站，方便处理宠物粪便。
> 宜设置方便宠物使用的直饮水池。
> 在宠物公约中协定使用要求，主人必须清理狗粪便。

② 主人休憩座椅

> 座椅应与边缘保持 ≥ 2 米的距离，防止宠物踩踏跳出围界。
> 座椅布置应采用围合形式，鼓励主人互相交流。
> 座椅旁边宜设置一体化食物盆与拴狗环。

02 可选功能

③ 小狗训练器械

> 宜选择适合小狗体形和爱好的活动器械。

"

让跑步成为一种
通勤出行选择

"

01 **模块应用原则**

模块定义

>24 小时安全的跑道环线，可与其他类型
道路叠加。

尺度建议

>总宽度建议≥ 6 米。

重点使用人群

>生活圈中的跑步爱好者。

交通设施建议

>可与人行交通步道合并布置，如社区生
态步道 + 跑道。

>当合并布置时，应同时满足两者规划
导则。

02 **模块位置建议**

位置建议

>应尽量避免紧邻主干道和快速干道，宜
依托于次级道路、运动设施、城市绿地（如
公园、防护绿带公园）设置，并与周边
城市跑道串联。

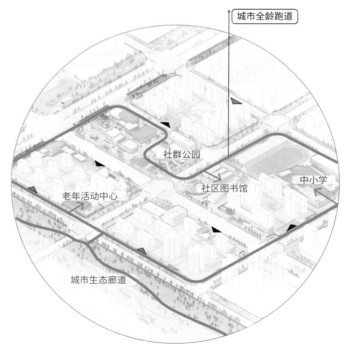

01 使用人群日常需求访谈

形象视觉需求

>设施简陋以及不连续都会降低跑步的趣味性。

> 城市跑道有是有，但不连续，周边马路也乱糟糟的，感觉不太好

安全健康需求

>未充分考虑跑步者需求，人行道跑步与行人流线冲突，没有休息点，跑道铺装太硬对膝盖损伤较大等。

> 打卡能够督促我坚持长跑，但一般只有公园里的跑道才有打卡点

> 我们一般会选择夜跑，只有下班后才有时间

社交需求

>社区缺乏对跑步运动的宣传和策划。

> 希望多组织一些跑步的社交活动

> 想带着小孩一起跑，但是跑道宽度和路线的安全性又不适合亲子跑

02 模块设计导向

回应形象视觉需求

连续绿色环线

依托城市次级林荫道路设置连续跑道，串联生活圈与城市绿色设施或活力区，让跑道安全、舒适且体验丰富，并成为每日生活线的一部分。

回应安全健康需求

舒适的休憩节点

沿跑道设置热身区，休憩节点等；在休憩区配备直饮水，智能体能检测点，休憩坐凳，树荫乘凉；设置跑道灯，创造特色夜跑体验。

回应社交需求

丰富社交活动

跑步作为一种全龄适宜的健身方式，是社群精神缔结的良好纽带，利用跑道举办城市马拉松、亲子周末跑等活动，让跑道成为贯穿城市的社交场所。

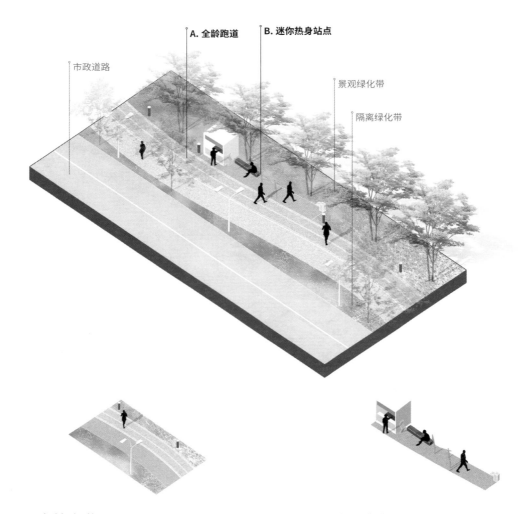

市政道路

A. 全龄跑道

B. 迷你热身站点

景观绿化带

隔离绿化带

A. 全龄跑道

设计导向

>通过设置双向跑道提升城市慢跑体验。

功能选项设置原则

>此项为城市全龄跑道的必选功能块。

B. 迷你热身站点

设计导向

>通过设置热身区、休憩区、补给区及智能身体检测站点提升跑步便捷度。

功能选项设置原则

>宜在临近住区入口、城市公园入口处设置。

01 **场地设计原则**

总空间布局原则

>当可用空间宽度 ≥ 6 米时，应设置连续的 A（全龄跑道）功能模块，B（迷你热身站点）功能模块穿插设置，间隔约 250米。在空间局限的场地中，应优先选择布置 A（全龄跑道）功能模块，或与人行道合并设置。

跑道

>宽度宜 ≥ 2.5 米，双向跑道，0.2 米跑道双侧边沿铺装，中间设置0.1 米中线铺装，可与人行道相接或由绿化带分隔。

景观绿化带

>宽度宜 ≥ 2 米。
>应在跑道与围墙之间设置。

隔离绿化带

>宽度宜 ≥ 1.5 米。

02 **植栽及材质原则**

上层植栽原则

>宜选择常绿或开花大乔木，无落果，减少路面阻碍。

下层植栽原则

>宜选择枝干不阻碍跑道的观赏草或小型地被。

材质原则

>跑道应选用塑胶材质、彩色沥青等弹性材质。
>所有家具和设施应满足无障碍规范。

03 **特殊功能设施**

>急救设施。

04 **其他备注**

>如与其他人行道类型叠加，须满足两者需求。
>当与城市主干道交叉时考虑设置天桥。

B 迷你热身站点

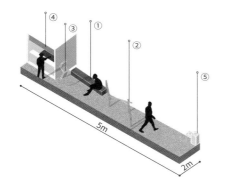

活动规划

>跑步热身、休憩社交、智能身体检测。

分区空间布局原则

>总面积宜为 10 ～ 30 平方米，应不小于 10 平方米。

01 基础功能

①休憩座椅

>场地应通风、遮阴良好。

02 可选功能

②热身器械

>应选择适合跑步者拉伸运动的器械。

③智能身体检测站点

>结合智能科技设置跑速检测、心跳检测功能。

>可连接到社区 App 打卡系统。

④能量加油站（自动售卖）

>应设置为跑步者补充能量的自动售卖站点。

⑤直饮水

>应设置跑步者补充水分的直饮水点。

注：模块功能 A 内容较为简单，故不单独设置功能块设计导则。

H6

非机动车
停靠点

NON-MOTORIZED
VEHICLE STATION

生活时刻理念

" 无缝接驳公共交
通的低碳出行方
式 "

01 模块应用原则

模块定义
> 非机动车停靠点及共享单车停放区。

位置建议
> 应依托人流密集处及常用目的地设置，如重要建筑公共设施入口、公园、住宅小区入口、公共交通站点等位置。
> 非机动车停靠点在临近广场、公园时，宜与之一体化设置，布置于近入口处。
> 非机动车一级停靠点服务半径：500米。
> 非机动车二级停靠点服务半径：200米。

重点使用人群
> 非机动车通勤及骑行运动者。

交通设施建议
> 当非机动车停靠点周边有公交车站与地铁站时，应结合设置，保证便捷换乘，完善最后一公里的体验。
> 可设置于机动车与非机动车分隔带上，减少对人行道的占用。

02 使用人群日常需求访谈

便捷接驳需求
> 非机动车停靠点距离其他交通设施较远，无法便捷接驳。

" 我家附近是没有共享单车停放区的 "

停放、简易维修需求
> 非机动车车位太少，堆叠存放影响市容，小故障，如轮胎没气等因缺少工具，无法及时处理。

" 非机动车停靠点很少，有的停靠点不遮雨，下雨天很不方便 "

" 电瓶车基本上没有充电的设施，更别说配备专用的维修小工具 "

03 模块设计导向

回应停放、简易维修需求

完善骑行设施
可加配停车棚、充电装置及简易维修小工具，提升骑车出行的体验。

回应便捷接驳需求

一体化车站
一体化设计地铁站出入口、公交车站与共享单车停放区，完善归家最后一公里的体验。

非机动车一级停靠点

安全桩柱　　减速带　隔离绿化带

停车廊架

非机动车车架

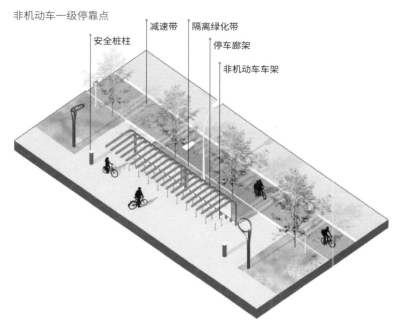

非机动车二级停靠点

安全桩柱

减速带

非机动车车架

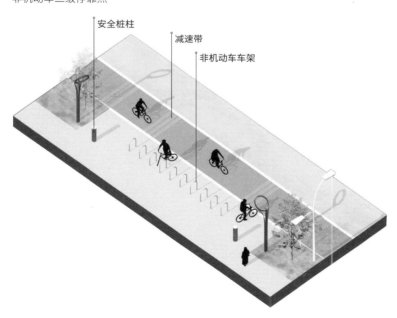

01 **场地设计原则**

非机动车道尺度

>单向非机动车道 1.5～3 米宽。

>双向非机动车道 3～4 米宽。

>非机动车道边沿应有 0.2 米安全地面标识涂层。

非机动车一级停靠点

>包括功能：停车廊架、非机动车车架、非机动车充电站、简易自行车充气及维修小工具。

非机动车二级停靠点

>包括功能：非机动车车架。

停靠点出入口原则

>停靠点双侧宜设置≥3 米宽的出入口连接非机动车道。

>在出入口相邻的非机动车道来往方向 20 米处，应设置前方有出入口警示牌。

隔离绿化带

>停靠点与非机动车道之间绿化≥1 米。

02 **植栽及材质原则**

上层植栽原则

>应与道路植栽一体化考虑。

下层植栽原则

>应与道路植栽一体化考虑。

材质原则

>应与街道主题材质和谐。

03 **其他备注**

>宜增设监控设备，避免车辆失窃。

>应保证停车棚夜间光照强度，增强安全性。

11

门户广场

GATEWAY
PLAZA

生活时刻理念

" 生活圈标志性印象门户 "

01 模块应用原则

模块定义

> 生活圈门户的对外形象展示节点。

尺度建议

> 总面积建议 ≥ 400 平方米（道路双侧面积）。

重点使用人群

> 生活圈的全龄居民及访客。

交通设施建议

> 宜在周边 150 米范围内设置交通接驳点，如公交车站、共享单车停放区等。

02 模块位置建议

位置建议

> 宜结合特色景观大道，于生活圈的城市界面主要节点处设置，如生活圈的城市级别入口。

> 宜在地铁站等重要交通接驳点周边设置。

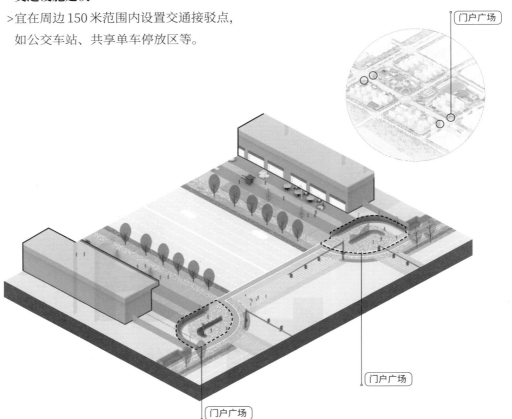

01 **使用人群日常需求访谈**

区域门户标志性需求

>生活圈门户入口标识性不够，来往访客难以辨识入口。

> 这个片区最重要的入口特别普通，开车很容易错过

特色归属感需求

>生活圈门户节点未能显示社区居民审美与社区格调。

> 希望大社区入口可以更有特色，每天路过都能够有回家的感觉

入口指引需求

>社区入口缺少区域指路标识和地图。

> 社区挺大的，刚搬来或者来玩的人没有指路牌找不到路，手机地图更新得也不是很及时

02 **模块设计导向**

回应区域门户标志性需求

生活圈形象标识
创造具有区域文化的广场式城市形象空间，如利用形象标识或地标景墙形成步行和驾车都容易识别的视觉特色。

回应特色归属感需求

双侧展示空间
通过设置双侧门户广场增强仪式感，提升生活圈入口高级感。

回应入口指引需求

生活圈导览站
应在门户广场设置生活圈导览站，结合智能导览系统、社区App，方便访客寻找目的地，及居民了解社区热点。

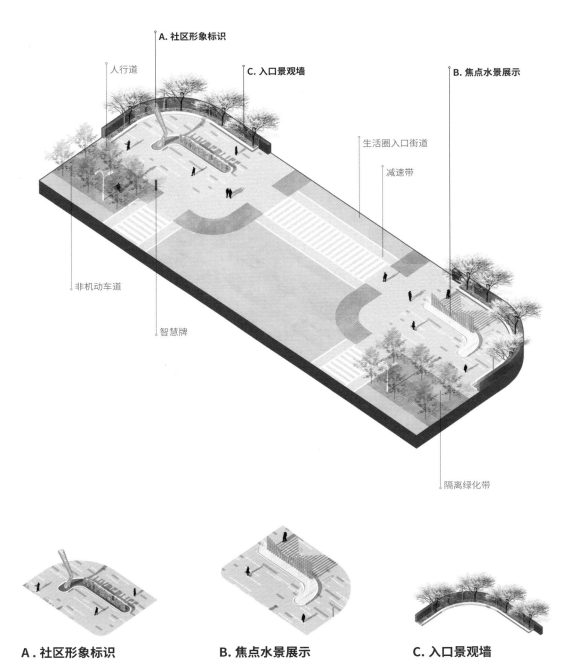

A. 社区形象标识

C. 入口景观墙

B. 焦点水景展示

人行道

生活圈入口街道

减速带

非机动车道

智慧牌

隔离绿化带

A. 社区形象标识

B. 焦点水景展示

C. 入口景观墙

01 场地设计原则

总空间布局原则

>广场主要界面应沿城市干道人行道方向布置，以增强广场的城市临街展示面，增强广场的开放参与感，形成开阔的街道视线互动。

>在单侧面积≤200平方米的场地中，应优先选择布置 A 功能块；A、B、C 功能块不宜分开布置。

>A. 社区形象标识：宜在醒目处设置。

>B. 焦点水景展示：宜选择空间最小宽度≥10 米处设置，场地形状不限。

>C. 入口景观墙：可与其他相邻空间结合布置，如道旁绿化带等。

内部流线组织原则

>广场宜保持 1 个主要穿行流线和若干次要穿行流线。

与周边界面的关系原则

·人行道界面

>广场与人行道之间不宜设置绿化隔离，保持广场视线通畅。

·道路界面

>广场四周道路绿化下层植栽应以低矮植物为主，保持广场视线通畅。

>与广场相邻的街口应设置斑马线和减速带，保证广场使用人群的穿行安全。

·背景建筑界面

>广场周围建筑应保持立面与广场景观的和谐美观。

>建筑立面宜具有入口标志性造型。

02 植栽及材质原则

软硬比原则

>宜≥2：8。

林下空间占比

>宜≥40%。

上层植栽原则

>广场宜选择树冠体量较大，形态具有标志性，季节变换丰富的特色树或开花大乔木。

下层植栽原则

>广场宜选择草坪、整齐灌木等强调秩序感的植物。

材质原则

>广场宜选用具有文化象征感及视觉特色的标志性铺装材质和家具。

03 其他备注

>应结合艺术化灯光设计，关注夜间形象营造。

A 社区形象标识

设计导向

>创造具有区域文化特色的广场式城市形象空间，如利用形象标识或地标景墙形成车行、人行都可见的视觉特色。

功能选项设置原则

>宜在临近小区的生活圈主入口优先设置。

尺度原则

>高度建议为 6 米左右，不超过 10 米。

B 焦点水景展示

设计导向

>应强调白天及夜晚视觉特色，结合灯光水景，创造车行、人行都可见的城市街景立面。

功能选项设置原则

>宜在临近商业的生活圈主入口优先设置。

尺度原则

>水景高度须满足过往车辆可见。

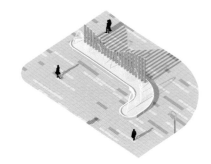

C 入口景观墙

设计导向

>强调城市界面美化，创造车行人行都可见的城市街景立面。

功能选项设置原则

>宜在临近公园的生活圈主入口优先选择设置。

尺度原则

>高度 2 ～ 3 米为宜，沿广场临街面布置。

城市绿带
公园

URBAN
GREENWAY PARK

生活时刻理念

"

一个可参与的公
园式城市界面

"

01 模块应用原则

模块定义

> 上位规划确定的城市绿带公园。
> 手册中模块空间示意仅包含其入口空间。

尺度建议

> 由上位规划确定。

重点使用人群

> 周边城市区域的全龄居民及访客。

交通设施建议

> 主入口附近 100 米内及公园内部应设置非机动车停靠点及共享单车停放区。

> 可设置街中斑马线连通公园与住宅小区出入口。
> 公园与城市干道相邻时，可设置与入口相连的天桥，为生活圈居民提供直达公园的安全途径。

02 模块位置建议

位置建议

> 由上位规划确定。

城市绿带公园

01 **使用人群日常需求访谈**

安全便捷，灵活进出需求

>城市绿带公园虽然距离居住区近，但入口位置较远，需要绕远路才能进出。

> 社区和这个公园就隔了一条马路，但要进去的话要走三个路口，所以我们平时都很少去

02 **模块设计导向**

回应安全便捷，灵活进出需求

无缝连接社区

合理运用过街天桥和城市绿道，合理布置住宅小区入口位置，连接公园与生活圈。

全龄多元玩乐需求

>城市绿带公园仅局限于形象展示作用，缺少市民活动空间。

> 家门口的公园绿化很好，就是没有什么活动可以参与，只能散散步，小孩子进去也没什么能玩的

回应全龄多元玩乐需求

参与型综合公园

设计应结合场地特色与规划主题，创造有全龄活动空间的综合公园，创造生活圈活动场所。

回应生态有氧、形象视觉需求

城市生态绿肺

城市公园需要采用维护成本低、美观性高的生态化设计，如为动植物提供栖息地形成生态廊道等，创造长久的特色城市展示面。

生态有氧、形象视觉需求

>植物种类单一，展示效果单调，生态抗性低。

> 这个公园树是种得很密，但有点乱，也不太好看

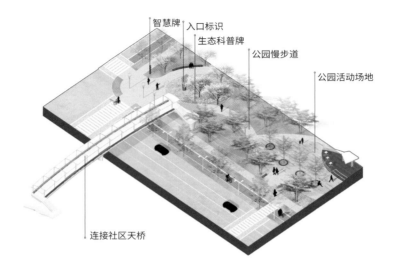

智慧牌　入口标识

生态科普牌

公园慢步道

公园活动场地

连接社区天桥

01 场地设计原则

入口空间原则

>公园入口应设置于生活圈主要交通街口，在居住区入口就近设置。

公园慢步道原则

>公园宜设置≥3米宽的人行慢步道。

公园活动场地

>公园内应规划充足的活动场地，提供休闲场所、运动场所、文化场所、教育场所等，提供大型公共开放空间，起到防灾避难等功能。

与周边界面的关系原则

>公园临街面宜设置宽度≥5米的临街防护绿化带，并通过高度≥1米、坡度＜3：1的堆坡阻隔街道噪声。

02 植栽及材质原则

软硬比原则

>宜≥8：2。

林下空间占比

>宜≥70%。

上层植栽原则

>公园应丰富上层植栽选择，形成城市生态廊道，创造优美的城市展示面。

下层植栽原则

>公园应有90%是本土植物，种类丰富。

>公园重要节点应打开视线通廊。

03 特殊功能设施

>生态科普牌（宜结合声音播放、二维码等提升科普体验）。

>急救设施。

13

防护绿带
公园

GREENBELT
PARK

生活时刻理念

"

一个过滤消极因
素的公园式城市
界面

"

01 模块应用原则

模块定义

> 上位规划确定的防护绿带公园。

> 手册中模块空间示意仅包含其入口空间。

尺度建议

> 由上位规划确定。

重点使用人群

> 生活圈的全龄居民及访客。

交通设施建议

> 相邻道路的自行车道可设于防护绿带公园内部，增加骑行的安全性与舒适感。

02 模块位置建议

位置建议

> 由上位规划确定，一般位于生活圈和高速路、高架桥、高压线等不利因素之间。

防护绿带公园

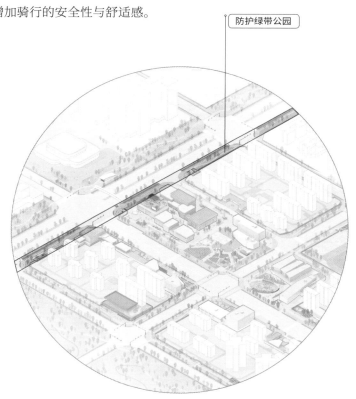

01 使用人群日常需求访谈

减污降噪需求

> 紧邻高速的住区低层住户面临较大的噪声与空气污染干扰。

> 我们小区外面就是主干道，我住 4 楼，有一定噪声，如果能在绿化带上多种点树，遮挡一下就好了

简单活动需求

> 防护绿地无法使用造成空间浪费。

> 防护绿带公园一方面是起防护作用，另外是否可以加入一些活动空间，让其更加实用

> 比如，跑道、自行车环形路线、一些简单的康养运动设施

形象视觉需求

> 周边环境杂乱，带来了视线上的干扰，降低了城市界面的吸引力。

> 防护绿带公园暴露的围栏特别丑，希望可以用植物遮挡一下

02 模块设计导向

回应减污降噪需求

植物地形防护
通过堆坡与多层次密植、降污植物的选择，让防护绿带公园成为阻隔社区污染的第一道屏障。

回应简单活动需求

软性活动设施
设计应结合防护绿带公园的绿色空间与自行车道、慢跑道等软性活动设施。

回应形象视觉需求

社区绿色边界
设计应重点创造周围防护绿带公园城市界面，使其四季有景，呼应区域主题。

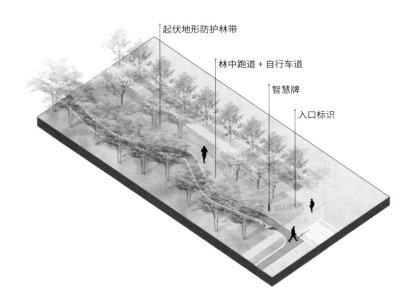

起伏地形防护林带

林中跑道 + 自行车道

智慧牌

入口标识

01 场地设计原则

入口空间原则

>公园入口宜设置于生活圈主要交通街口处，在住宅小区入口就近设置。

公园慢步道原则

>公园宜设置≥ 3 米宽的公园跑道（可代替同路段的临街跑道）。

>公园宜设置≥ 3 米宽的骑行道。

公园活动场地

>公园不应规划大型活动场地，每 250 米宜设置 10 ~ 30 平方米的小型休憩场地。

与周边界面的关系原则

>公园与道路、高架之间应通过起伏的地形及多层次防护林带减少噪声污染。

>公园防护绿带宽度宜≥ 10 米。

02 植栽及材质原则

软硬比原则

>宜≥ 9 ：1。

林下空间占比

>宜≥ 80%。

上层植栽原则

>公园应以本土速生乔木为主，融合不同季节特色植物组团种植，形成连续城市观赏面。

下层植栽原则

>应全部选用本土低维护灌木，密植以阻止人穿越。

材质原则

>公园铺装可采用低成本砂石、透水沥青路面等。

花园式
院墙
GARDEN
WALL
生活时刻理念

" 用一个柔软的边界去创造相遇的偶然 "

01 模块应用原则

模块定义
>凹凸进退绿色花园主题围墙。

尺度建议
>可通过局部院墙退让，形成进深不大于 3 米的口袋空间。

>当周边 50 米有口袋公园时，可不设口袋空间。

重点使用人群
>生活圈的全龄居民。

交通设施建议
>花园式院墙可与跑道休憩节点或非机动车停靠点结合设置。

02 模块位置建议

位置建议
>宜在缺乏绿色空间的主要步行路径两侧设置，与街道绿地统筹考虑，创造一体化景观。设置范围可在临近住宅小区入口 100 米内。

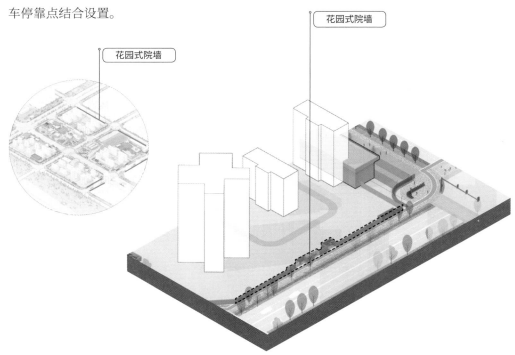

花园式院墙

花园式院墙

01 使用人群日常需求访谈

绿化需求

> 住宅小区院墙紧贴人行道，缺少道路绿化空间。

> " 小区周边的路都是围墙，走起来很无聊 "

> " 不喜欢那种全是围墙的感觉，希望住宅小区围界可以多一点绿色 "

自然休憩需求

> 空间紧张，导致沿路无休息座椅，对老人不友好。

> " 我现在年龄大了，走一会儿就需要休息一下，但小区周边的路上很难找到可以坐的地方 "

视觉形象需求

> 连续单调的院墙，给行人带来压迫感，视觉体验较差。

> " 住宅小区围墙做得很没有特色，都长得差不多 "

> " 住宅小区围墙如果搭配更多的树木和花草，走在街上也舒心很多 "

02 模块设计导向

回应绿化需求

绿色街道空间
局部院墙退让，形成富有节奏的小型绿化空间，形成人行道多重绿化。

回应自然休憩需求

迷你休憩节点
在小型绿化空间中选择设置休憩坐凳，为行人提供林荫休憩社交空间。

回应视觉形象需求

特色小品景观
在临街处小空间内通过开花小乔木与灌木搭配，配合院墙背景、雕塑小品等，形成花园街区氛围。

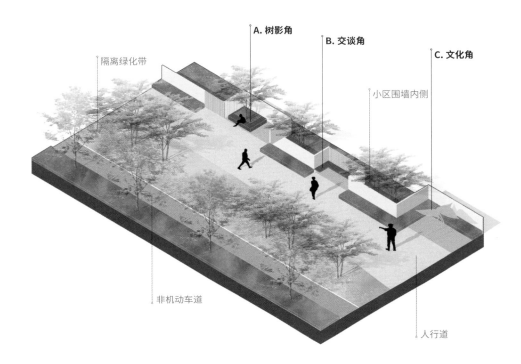

A. 树影角 **B. 交谈角** **C. 文化角**

隔离绿化带

小区围墙内侧

非机动车道

人行道

01 场地设计原则

与周边界面的关系原则

>与花园式院墙相邻的人行道宽度宜≥3米。

02 植栽及材质原则

上层植栽原则

>宜种植枝干优美的特色乔木花树。

>住宅小区临近围墙内外的乔木应连续
统一。

下层植栽原则

>宜营造院墙花园的精美感，种植观赏草、
开花植物或修建整齐的树篱。

材质原则

>宜采用木材、碎石、透水砖、石板等生
态材质，凸显花园的自然特色。

A 树影角

设计导向

>局部院墙退让，形成富有节奏的小型绿化空间，形成人行道多重绿化。

功能选项设置原则

>宜在康养机构附近选择设置。

尺度原则

>建议尺寸为 2 米 ×3 米。

B 交谈角

设计导向

>在小型绿化空间中设置休憩坐凳，为行人提供林荫休憩社交空间。

功能选项设置原则

>宜在邻里中心、学校附近设置。

尺度原则

>建议尺寸为 1.5 米 ×3 米。

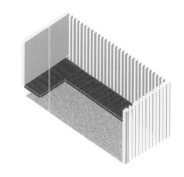

C 文化角

设计导向

>在临街处小空间内通过开花小乔木与灌木搭配，配合院墙背景、雕塑小品等形成花园街区氛围。

功能选项设置原则

>宜在小区人行主入口、商业设施附近设置。

尺度原则

>建议尺寸为 3 米 ×4 米。

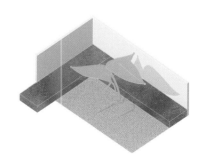

E2

生态景观
口袋公园

ECOLOGY
POCKET PARK

生活时刻理念

"
在都市缝隙中开
辟一方昆虫百鸟
植物园
"

01 模块应用原则

模块定义

>街区自然科学认知、生态示范公园。

尺度建议

>总面积建议≥150平方米。

重点使用人群

>生活圈的全龄居民。

交通设施建议

>应设置于区域主要人行体验流线或环线
两侧，尽量避免设置在城市快速路两侧。

02 模块位置建议

位置建议

>宜设置于健康、教育、文化相关设施（如
学校、邻里中心、康养机构等）周边150
米范围内。

>服务半径500～1000米。

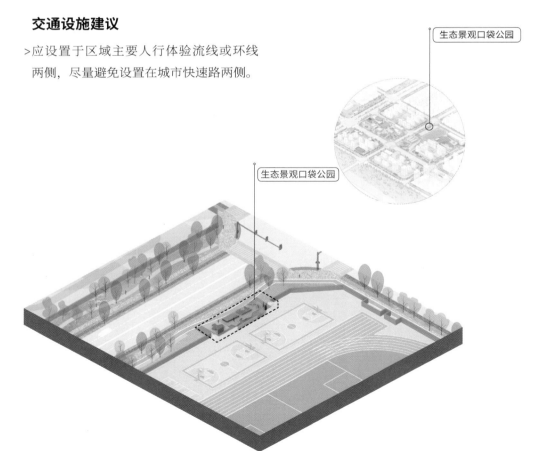

生态景观口袋公园

生态景观口袋公园

01 使用人群日常需求访谈

生态教学场地、当地生态科普需求

> 学校缺乏就近的生态教育社区实验基地。

> 上周带小孩去了最近很火的一个花市，里面有很多花草和动物，小朋友很喜欢，要是在家附近也有科普类的空间就好了

> 我们一般只有周末才能带孩子去周边郊游，接触一下大自然

自然体验空间需求

> 城市缺乏自然风趣，需要在社区提供自然体验空间。

> 一般没有时间专门去公园，只能在家附近走走，没什么接触自然的机会

新能源展示、科普需求

> 低碳环保需要更多的实际行动，如街道公园能展示更多的未来环保科技。

> 希望社区的小孩可以多学习生态环保知识，有一些创新意识

02 模块设计导向

回应生态教学场地、当地生态科普需求

科普生态教育

通过迷你生态园、昆虫植物生态的建立，创造认知自然、生态系统学习的活动内容，形成服务周边学区教学实验活动的互动空间。

回应自然体验空间需求

都市自然体验

设计应创造符合当地气候环境、展示当地自然地理植物特色的自然体验公园。

回应新能源展示、科普需求

社区互动参与

根据当地气候，选择合适的新能源类型，如太阳能、风能普及，创造未来社区新能源展示宣传空间。

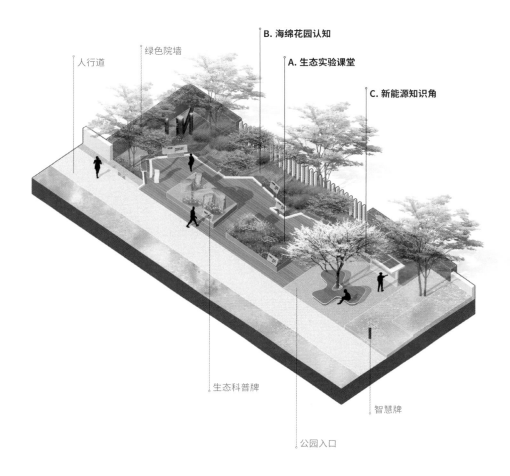

B. 海绵花园认知

A. 生态实验课堂

C. 新能源知识角

绿色院墙

人行道

生态科普牌

智慧牌

公园入口

A . 生态实验课堂

B. 海绵花园认知

C. 新能源知识角

01 场地设计原则

总空间布局原则

> 在总面积 <150 平方米的场地中，应优先选择布置 A 功能块。

> 在空间不连续的场地中，A、B 功能块可分开布置。

> A. 生态实验课堂：宜选择空间最小宽度 ≥ 5 米的场地布置，场地形状不限。

> B. 海绵花园认知：宜基于场地高程分析，选择场地低洼处布置，场地形状不限。

> C. 新能源知识角：可与其他相邻空间结合布置，如道旁绿化、公交车站、非机动车站、社区院墙等。

入口尺度原则

> 公园宜设置沿街开放式入口，以使生态展示参与界面最大化。

内部流线组织原则

> 流线设计应在空间足够处进行节点放大，为近距离驻足观察提供便利。

02 植栽及材质原则

软硬比原则

> 宜 ≥ 7 : 3。

林下空间占比

> 宜 ≥ 50%。

上层植栽原则

> 公园宜选择具有当地乡土特色及生态学习价值的乔木，可选择分枝点较低的树种，缩短人们观察和感受植物的距离。

> 增加植栽的四季变化、种类变化，形成具有生态观赏和学习价值的植物群落。

下层植栽原则

> 公园宜选择设置具有当地乡土特色及生态学习价值的植物、教学实验植物。

> 公园局部植物可根据学校的学习要求轮种，强化公园的实验参与性。

03 特殊功能设施

> 生态科普牌（宜结合声音播放、二维码等提升科普体验）。

04 其他原则

> 公园宜与周边学校协作，联合管理。

> 学校或社区管理者应根据生态展示内容定期维护、更换科普知识牌。

A 生态实验课堂

设计导向

> 通过迷你生态园、昆虫植物生态的建立，创造认知自然、生态系统学习的活动内容，形成服务周边学区教学实验活动的互动空间。

功能选项设置原则

> 宜在学校附近优先选择设置。

B 海绵花园认知

设计导向

> 围绕海绵雨水花园，创造海绵植物认知、海绵下渗原理、海绵防涝、水源保护等相关知识展示基地。

功能选项设置原则

> 宜在学校、城市生态廊道附近优先选择设置。

C 新能源知识角

设计导向

> 根据当地气候，选择合适的新能源类型，如太阳能、风能普及，创造未来社区新能源展示宣传空间。

功能选项设置原则

> 宜优先选择在学校、邻里中心附近设置。

A 生态实验课堂

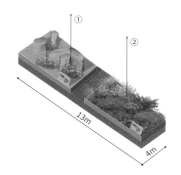

① ②

13m

4m

活动规划

>昆虫认知、本地动植物群落认知。

分区空间布局原则

>面积宜≥30平方米。

>宜尽量沿人行道方向布置，形成开放式入口，以增加空间的参与度，形成生态街道观赏面。

>可与其他区域共用入口。

01 基础功能

①乡土群落认知

>面积宜≥15平方米，花池宜高0.6米，便于观察。

>应创造展示城市当地乡土风貌的植物微群落。

>应选用低维护的丰富乡土植物及砂石土壤。

>应设置介绍科普牌，可结合二维码牌、App扫码提供线上生态学习体验。

02 可选功能

②昆虫花园

>面积宜≥15平方米，花池宜高0.6米，便于观察。

>应创造适应当地气候，具有本土生态特色的微生物环境，如通过花蜜植物、水源，以及枯木遮蔽等吸引当地昆虫群落。

>应设置介绍科普知识牌，可结合二维码牌、App扫码提供线上生态学习体验。

B 海绵花园认知

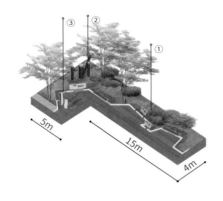

活动规划

>海绵认知花园、观鸟。

分区空间布局原则

>总面积不限。

>宜选择在场地低洼处布置，可与场地景观绿化一体化设置。

>可与其他区域共用入口。

01 基础功能

①海绵花园认知

>面积宜≥40平方米，应汇集、下渗公园及周边地表径流。

>宜通过格栅或绿墙与周边绿色空间形成呼应，增强绿色体验。

>所有植栽及展示内容都应该选择设置植物种类介绍牌，包括植物名称、地域、生态特质等科普信息。

>应参考并符合雨水花园的技术指导内容。

02 可选功能

②观鸟枝头

>应调研本地城市鸟类生活习性，创造鸟类喜爱的环境。

>宜设置枯木杆，悬挂鸟屋、喂鸟器、戏水池等，吸引城市鸟类。

③休憩坐墙

>宜结合科普知识牌设置。

C 新能源知识角

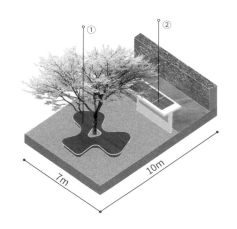

活动规划

>知识科普、树下休憩。

分区空间布局原则

>面积宜≥50 平方米。

>宜尽量沿人行道方向布置，以增强空间的
开放参与感，促进开阔的街道视线互动。
可与其他区域共用入口。

01 基础功能

①座椅树池

>当与太阳能廊架临近时，宜设置由太阳
能廊架供能的手机充电设备。

>座椅形态应具有自然趣味性，可供多人
使用。

02 可选功能

②太阳能信息廊架

>信息廊架应用于互动型科普、新能源相
关宣传内容及户外课堂教学。

>太阳能可用于灯具、手机充电、语音导
读的电能供应。

♥ E3

社区生态
步道
COMMUNITY
ECOLOGICAL
WALKWAY
生活时刻理念

"

让人走出喧嚣的
公园式蜿蜒小路

"

01 模块应用原则

模块定义

>具有生态功能及相关科普教育主题的绿
色廊道。

尺度建议

>总宽度建议 ≥ 10 米。

重点使用人群

>生活圈的全龄居民。

交通设施建议

>沿线应配置公交车站，非机动车租赁点、
停靠点。

02 模块位置建议

位置建议

>在有最大化绿色空间需求和条件的道路
设置，以达到道路降噪、防护、绿化提升、
联系城市绿化空间的目的。

>可适当减小绿化空间，设置于有绿化需
要的次级道路。

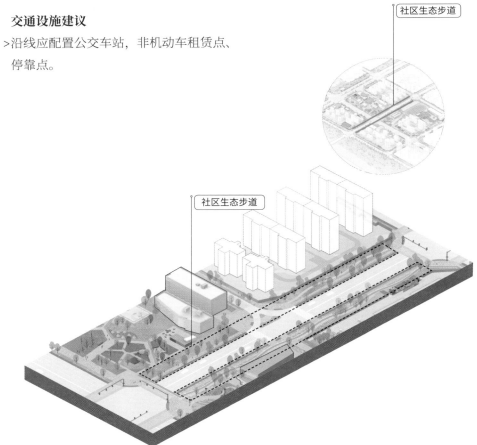

社区生态步道

社区生态步道

01 使用人群日常需求访谈

形象氛围需求

>公园之间的道路缺乏绿道联系及特色，无法形成完整的绿色体验，缺乏吸引力。

> "我住的社区离公园入口有两个街口，路上环境不太好，比较乱，所以平时去得很少"

舒适行走需求

>主路旁边车流量大，污染与噪声都很严重，体验不佳，步行体验单调。

> "社区旁边这条主干道有8条车道，车流量特别大，每次走都感觉灰尘很多，人行道和马路之间多种点树就好了"

生态海绵需求

>大雨过后人行道积水严重，出行不便，需要提升道路防洪能力。

> "每次下稍微大点的雨，人行道就积水，出趟门鞋全湿了"

02 模块设计导向

回应形象氛围需求

完善公园链
关注公园之间的联系与绿色氛围的延续，从城市中的公园进化为公园中的城市。

回应舒适行走需求

蜿蜒减污慢步道
创造蜿蜒慢步道，让步行体验如在公园中一般；结合堆坡与多层次密植、降污植物的选择，让临街绿化成为阻隔社区污染的第一道屏障。

回应生态海绵需求

生态海绵道路
沿绿地布置海绵基础设施，形成生态海绵通廊，帮助区域实现雨洪收集与净化。

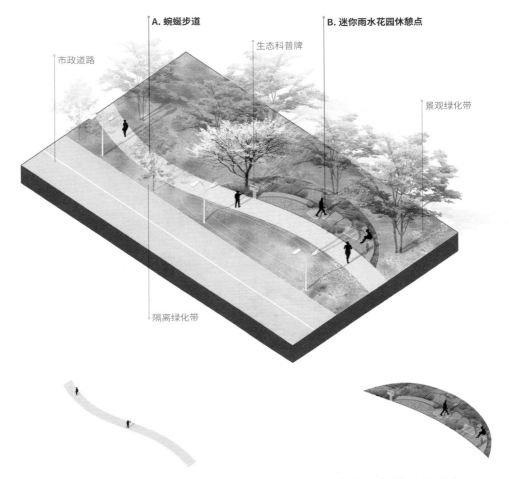

A. 蜿蜒步道

生态科普牌

B. 迷你雨水花园休憩点

市政道路

景观绿化带

隔离绿化带

A. 蜿蜒步道

设计导向

>通过蜿蜒的行走体验带来空间及视觉的
变化，营造沉浸式自然生态氛围

·功能选项设置原则

>此项为社区生态步道的必选功能模块，
空间不足时可设置直行步道

B. 迷你雨水花园休憩点

设计导向

>主张自然氛围，通过自然元素的设置，
创造可以触摸、探索自然的休憩科普社
交场地

功能选项设置原则

>宜在临近学校或教育机构入口、老年服
务设施周边优先设置

01 场地设计原则

总空间布局原则

> 当可用空间宽度 ≥ 10 米时，应设置连续的 A（蜿蜒步道）功能模块。

> B（迷你雨水花园休憩点）功能模块穿插设置，间隔约 250 米。

> 在空间局限的场地中，应优先选择布置 A（蜿蜒步道）功能模块。

人行道

> 与蜿蜒步道合并设置，宽度宜 ≥ 2 米。

景观绿化带

> 宽度宜 ≥ 5 米。

> 应在人行道与围墙之间设置。

> 设计地形起伏、道路降噪减污的隔离带。

> 宜结合场地高程设计设置雨水花园，详见雨水花园模块。

隔离绿化带

> 宽度宜 ≥ 3 米。

> 设计地形起伏、道路降噪减污的隔离带，在提升步行体验的同时创造良好的车行视线。

> 宜结合场地高程设计设置生态草沟，详见生态草沟模块。

02 植栽及材质原则

上层植栽原则

> 应选择具有当地乡土特色的多样树木群落，体现本地生态氛围。

下层植栽原则

> 沿地形选择设置本土的地被、观赏草等多层次自然氛围植栽。

> 景观绿化带靠近院墙处应种植多层次灌木，降噪防污染。

03 特殊功能设施

> 生态科普牌（宜结合声音播放、二维码等提升科普体验）。

04 其他原则

> 雨水花园设计应参考相关模块技术指导。

> 雨水花园设计应由专业工程师计算雨洪容量，合理设置泄洪排水管。

> 雨水花园应定期维护，防止底部淤泥堵塞。

B 迷你海绵花园休憩点

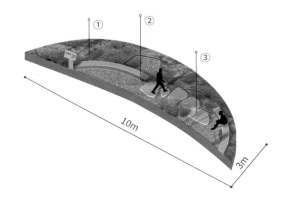

活动规划
>休憩社交、雨水花园认知、自然踏步玩耍。

分区空间布局原则
>总面积宜为 10 ～ 30 平方米。

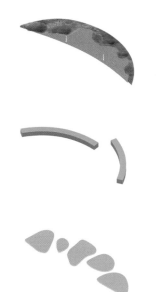

01 基础功能

① 海绵花园
>宜结合景观绿化带设置海绵花园。
>宽度宜≥ 1.5 米。
>海绵花园设计应参考并符合雨水花园模块设计导则。

② 休憩座椅
>场地应通风、遮阴良好。

02 可选功能

③ 自然踏步
>选用具有当地特色的石材布置，踏步尺寸宜为 0.3 ～ 0.5 米。
>石板间距宜≤ 0.2 米。

注：模块功能 A 内容较为简单，故不单独设置功能块设计导则。

E4/E5

雨水花园 /
生态草沟

SPONGE FACILITY/
BIOSWALE

生活时刻理念

" 美观实用的社区
海绵网络 "

01 模块应用原则

模块定义

>通过将自然雨洪设施与人工雨洪设施结合，以生态手法减少城市地表径流，促进就地雨水渗透净化，设置水资源利用与保护的一系列点状、线状或面状的景观化设施，形成生活圈生态雨洪安全单元，这些设施通常也被称为海绵设施。

重点使用人群

>生活圈的全龄居民。

02 模块位置建议

位置建议

>结合场地高程设计，全区系统化设置，以点状、线状或面状绿色空间为载体。

>雨水花园模块应与道路绿化、其他生活时刻模块的绿化区域叠加设置，形成生态复合型社区绿地。

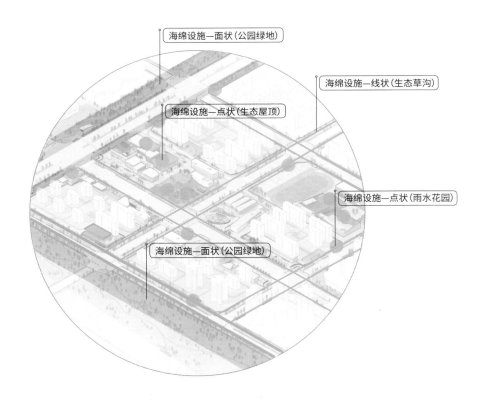

海绵设施—面状(公园绿地)

海绵设施—线状(生态草沟)

海绵设施—点状(生态屋顶)

海绵设施—点状(雨水花园)

海绵设施—面状(公园绿地)

01 使用人群日常需求访谈

生态雨洪安全需求

>夏季的洪水灾害频繁发生，给居民的居住与出行带来诸多不便，需要整个社区体系乃至城市去系统性解决。

> "前不久下了一场暴雨，我们小区的车库都被淹了，损失惨重，社区再不做点什么的话，今年也很担心"

绿色生活、生态教育需求

>红线内绿地面积较少，缺乏符合海绵功能的绿地空间。

> "小区有个雨水花园，之前不懂，后来了解了一下，感觉这个还是比较环保的，能够净化水质，小孩子还可以去玩"

环境美化需求

>生态设施缺乏美观性，居民接受度不高。

> "我知道海绵城市，我们家旁边就有雨水花园，但比较乱，不太喜欢"

02 模块设计导向

回应生态雨洪安全需求

低影响开发
减缓峰时地表径流速度，促进下渗就地循环，减轻城市管网压力，减少路面积水；并对收集的雨水进行一定的净化，减少进入城市水体的污染物，维持水质。

回应绿色生活、生态教育需求

绿色社区典范
结合海绵功能，设置连续且层次丰富的生态绿色界面。

回应环境美化需求

美观生态设施
海绵设施设计应注意植物搭配与后期维护，在生态功能的基础上保持美观。

碎石缓冲带

雨水花园植栽

低碳科普牌

安全溢水管

人行道

市政道路

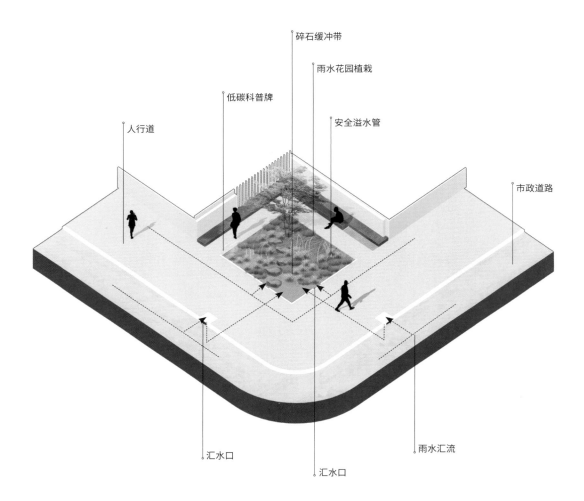

汇水口

雨水汇流

汇水口

01 场地设计原则

总空间布局原则

> 雨水花园面积应满足其所在的雨水收集区域的标准汇水量要求，应以径流控制的相关计算要求为准。

> 其布局设计及高程设计应满足汇水放坡的需要。

汇水口

> 利用场地高程设计设置汇水口，将周边道路雨水通过管道汇集下渗到雨水花园，进行过滤下渗。

碎石缓冲带

> 汇水口处应使用碎石布置雨洪缓冲带，减少水土流失，过滤雨洪杂质。

> 坡度大于 4% 的区域，或落差大于 20～30 厘米，应设置挡水堰，挡水堰下方应设置碎石缓冲带。

雨洪容量

> 根据系统区域雨洪量测算决定可以承载的收集速度和下渗速度，确保能安全、高效地使用。

基底设计

> 雨水花园基底应布置高渗透性碎石蓄水层，以缓冲雨洪，透水土壤黏土含量小于 5%。

安全溢水管

> 应按照容量设置连接市政泄洪管道的安全溢水管，防止超荷载，避免积水存留超过 24 小时，溢水管入水口高于沟底标高，高度与设计最大汇水高度相同。

02 植栽及材质原则

软硬比原则

> 宜≥ 9 : 1。

林下空间占比

> 宜≥ 70%。

上层植栽原则

> 特色耐水湿、耐旱乔木。

下层植栽原则

> 雨水花园净水植物。

03 特殊功能设施

> 生态科普牌（应涵盖海绵低碳科普知识，宜结合声音播放、二维码等提升科普体验）。

04 其他原则

> 定期维护、检修排水管线。

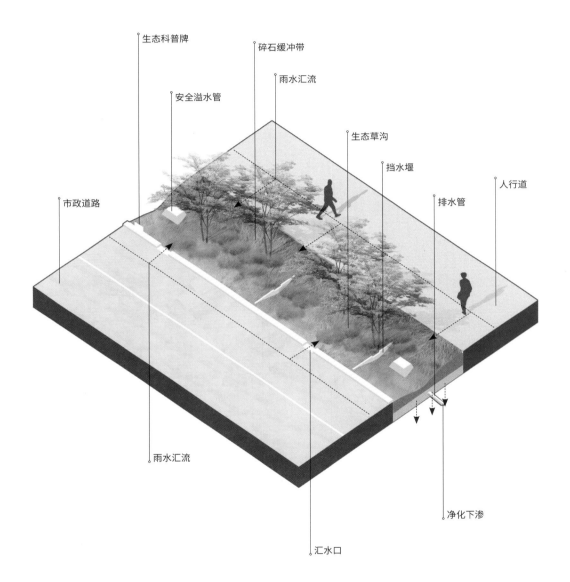

生态科普牌

碎石缓冲带

雨水汇流

安全溢水管

生态草沟

挡水堰

人行道

市政道路

排水管

雨水汇流

汇水口

净化下渗

01 场地设计原则

总空间布局原则

>宽度≥ 1 米均可设置。

>宽度在 1 ～ 5 米，绿带在保证乔木种植环境的情况下，可结合汇水区域，间隔式设置生物滞留带。

>宽度＞ 4 米的绿地可采用连续式生物滞留带。

>长度应满足径流控制相关计算要求。

>当道路向两侧排水时，设于两侧绿化带；道路向中间排水时，设于中央绿化带。

汇水口

>开口宽度≥ 0.5 米，开口间距 1 ～ 5 米，应有一定坡度引导水流流入汇水区。

碎石缓冲带与挡水堰

>汇水口处应使用碎石布置雨洪缓冲带，减少水土流失，过滤雨洪杂质。

>坡度大于 4% 的区域，或落差大于 20 ～ 30 厘米，应设置挡水堰，挡水堰下方应设置碎石缓冲带。

雨洪容量

>根据系统区域雨洪测算决定需要和可以承载的收集速度和下渗速度，确保安全高效使用。

基底设计

>雨水花园基底应布置高渗透性碎石蓄水层，以缓冲雨洪，透水土壤黏土含量小于 5%。

安全溢水管

>应按照容量设置连接市政泄洪管道的安全溢水管，防止超荷载，避免积水存留超过 24 小时，溢水管入水口高于沟底标高，高度与设计最大汇水高度相同。

02 植栽及材质原则

软硬比原则

>宜≥ 9：1。

林下空间占比

>宜≥ 70%。

上层植栽原则

>特色耐水、湿耐旱乔木。

下层植栽原则

>雨水花园净水植物。

03 特殊功能设施

>生态科普牌（应涵盖海绵低碳科普知识，宜结合声音播放、二维码等提升科普体验）。

04 其他原则

>定期维护、检修排水管线。

C1

**邻里集市
广场 / 草坪**

COMMUNITY
MARKET
PLAZA/LAWN

生活时刻理念

" 新型集市演绎场所 "

C1

01 模块应用原则

模块定义

>功能灵活的城市集市广场或草坪空间。

尺度建议

>总面积建议≥ 400 平方米。

重点使用人群

>生活圈的全龄居民。

交通设施建议

>主入口附近 100 米内宜设置非机动车停
靠点及共享单车停放区。

02 模块位置建议

位置建议

>宜设置于社区商业 100 米内，临近社区
内人流量大的相关设施功能，如社群公
园、社区商业街、公交站点等。

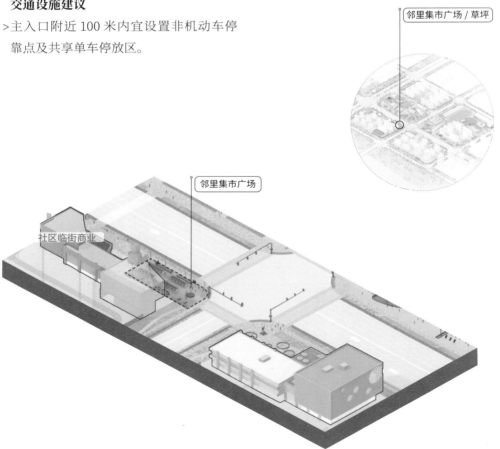

邻里集市广场 / 草坪

邻里集市广场

社区临街商业

01 使用人群日常需求访谈

多主题购物体验需求

>购物中心设施缺乏烟火气。

> 现在很流行周末集市，这种集市很热闹，很具有生活烟火气，如果社区就有，那我会经常去逛逛

02 模块设计导向

回应多主题购物体验需求

灵活市集
集市布局应考虑灵活可变，应定期更换集市主题，在干净整洁的前提下，提供新鲜菜场、创意市集、鲜花市集等多种选择。

社交休闲需求

>补充社交型购物需求。

> 有时候出门逛街也不是因为缺什么，就想热闹点，看到有意思的东西也会买回来试用

回应社交休闲需求

邻里社交氛围
应结合设置购物休憩空间，增加购物过程中的社交休闲机会。

便捷日常生活服务需求

>补充生活圈便民服务。

> 我们家小朋友参加过一次公园的跳蚤市场，社区要是也有就好了

回应便捷日常生活服务需求

生活服务与社交
集市功能主题选择应满足附近居民日常生活习惯，并与公交站点、非机动车站点等结合设置，形成开放的城市界面，提供便捷可达的使用体验。

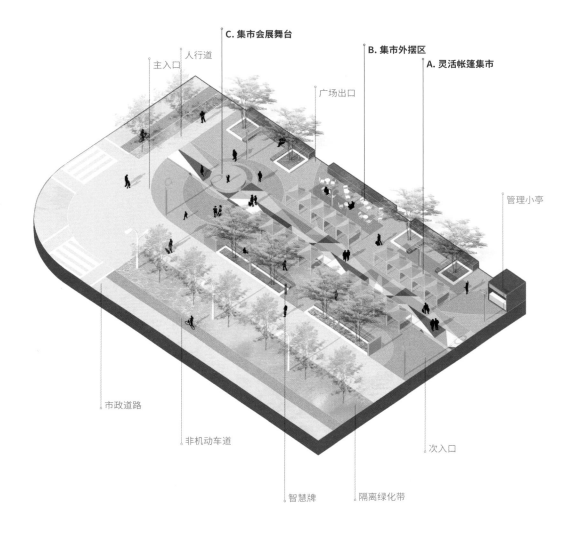

C. 集市会展舞台

B. 集市外摆区

A. 灵活帐篷集市

主入口

人行道

广场出口

管理小亭

市政道路

非机动车道

次入口

智慧牌

隔离绿化带

A. 灵活帐篷集市

B. 集市外摆区

C . 集市会展舞台

01 场地设计原则

总空间布局原则

> 在总面积 <400 平方米的场地中，应优先选择布置 A、B 功能模块。

> 在空间不连续的场地中，A、B、C 功能模块不宜分开布局。

> A. 灵活帐篷集市：宜选择空间最小宽度 ≥ 8 米的场地，但场地形状不限。

> B. 集市外摆区：可与其他相邻空间结合布置，如道旁绿化等。

> C. 集市会展舞台：宜选择空间较大的场地布置，可与街角广场结合。

内部流线组织原则

> 广场应尽量形成购物环线和双侧购物流线，空间紧张时可设置单侧购物流线。

与周边界面的关系原则

· 人行道界面

> 广场与人行道之间宜设置花坛分隔，防止购物人流和行人冲突，主入口宜 ≥ 10 米。

> 广场宜设置沿街开放式入口。

· 道路界面

> 建议广场四周道路绿化 ≥ 3 米，以创造安全活动空间。

> 建议隔离绿化带下层植栽以低矮植物为主，保持广场视线畅通。

· 内侧界面

> 广场与公园相接：宜设置宽度 ≥ 1 米的绿化隔离，保留 1～2 个入口进入公园。

> 广场与院墙相接：应使用社区文化墙模块。

> 广场与建筑相接：绿化及外摆座椅应与建筑入口流线协调，保持通畅。

02 植栽及材质原则

软硬比原则

> 宜 ≥ 2：8。

林下空间占比

> 宜 ≥ 30%。

上层植栽原则

> 宜选择树冠优美的常绿中型或小型乔木，保证局部遮阳，购物区域光线充足。

> 宜考虑减少落叶树，降低维护成本。

下层植栽原则

> 宜选择设置适应本土气候的低维护植栽，如本土观赏草、灌木等。

03 材质原则

> 宜选用主题活泼的铺装家具。

特殊功能设施

> 管理小亭。

> 音响电力设备。

> 急救设施。

04 其他备注

> 由居委会／社区物业共同管理广场的商业活动运营计划。

> 活动使用的音响电力设备由邻近物业管理存储。

C1

A 灵活帐篷集市

设计导向

>集市布局应灵活可变，应定期更换集市主题，在干净整洁的前提下，提供新鲜菜场、创意市集、鲜花市集等多种选择。

功能选项设置原则

>此项为邻里集市广场 / 草坪的必选功能模块。

B 集市外摆区

设计导向

>应结合设置购物休憩空间，增加购物过程中的社交休闲机会。

功能选项设置原则

>宜在临近社区文化机构优先选择设置。

C 集市会展舞台

设计导向

>应注重舞台的灵活使用，展销时为集市商户提供舞台，平时可以是休憩座椅。

功能选项设置原则

>宜在临近商业、邻里中心优先选择设置。

尺度原则

>最小尺寸为 3 米 ×3 米，高度 0.4 ～ 0.5 米。

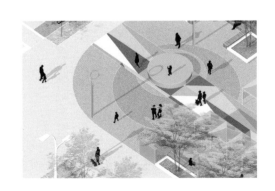

A 灵活帐篷集市

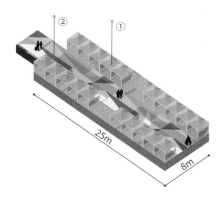

活动规划

> 新鲜菜场、创意市集、鲜花市集、二手交换。

分区空间布局原则

> 面积宜 ≥ 200 平方米。

> 宜尽量沿人行道方向布置，形成开放式入口，以吸引路过行人进入集市，增强空间的开放参与感，促进开阔的街道视线互动。

01 基础功能

①帐篷摊位

> 帐篷摊位最小尺度应按照 2 米 ×2 米考虑，可以灵活组合 2 米 ×4 米、4 米 ×4 米的不同帐篷尺寸。

> 帐篷摊位布局宜考虑两排双列或者四排三列，形成单向或者环形购物流线。

> 帐篷摊位每隔 5 ~ 10 个设置穿越开口。

> 地面宜预留帐篷锚点洞口，以增加帐篷的安全性。

02 可选功能

②缤纷购物通道铺装

> 宜设置铺装具有视觉趣味感的主要购物通道，形成集市主题特色场所。

B 集市外摆区

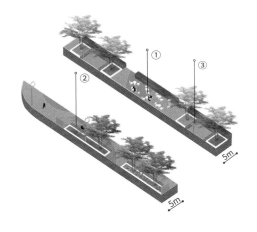

活动规划

>户外就餐、户外休憩、社交休闲。

分区空间布局原则

>面积宜 ≥ 100 平方米。

>宜尽量沿人行道方向布置，形成开放式
入口，以促进街道的视线互动。

>当空间允许时，宜在外摆区域周围设置
植栽围合，丰富街道景观，保障通行安全。

01 基础功能

①户外餐饮座椅

>应由管理人员储藏，并在集市期间摆放，
灵活可动。

②沿街休憩座椅

>可结合花池一体设计。

02 可选功能

③花园卡座

>应结合丰富植栽进行花园式卡座设计，
保证和谐美观，促进社群交流氛围。

>每 10 个座椅应有 2 个以上有靠背扶手。

注：模块功能 C 内容较为简单，故不单独设置功能块设计导则。

📍 **C2**

**社区商业
廊道**

COMMUNITY
COMMERCIAL
STREET

生活时刻理念

"
充满烟火气的生
活客厅
"

01 **模块应用原则**

模块定义

>具有商业活力氛围的街道。

尺度建议

>总宽度建议 10 ～ 30 米。

重点使用人群

>生活圈的全龄居民。

交通设施建议

>沿线应配置公交车站、特色非机动车停
靠点。

02 **模块位置建议**

位置建议

>应依托社区的商业中心街道、社区底
商街道设置。

>宜创造双侧活力界面，形成完整的活
力步行体验。

>应联系区域内的活力商业场所。

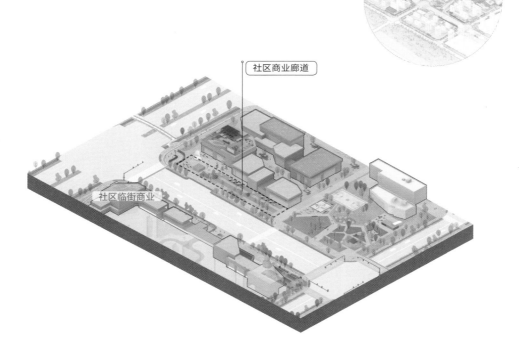

社区商业廊道

社区商业廊道

社区临街商业

01 使用人群日常需求访谈

新鲜感体验需求

> 商业区缺乏活动与新鲜感，无法持续吸引消费者。

> "希望社区商业街道经常有一些具有特色的商家活动、具有主题特色的东西，回家就顺便逛一逛"

合理分区需求

> 街道功能混杂，人行不便。

> "人行道经常被商家活动或者摊位占用，不太好走"

社交需求，休闲玩乐需求

> 无法便捷地步行抵达，或单侧商业导致商业氛围缺失，无法聚集人气。

> "我和邻居每次在楼下买菜都会遇到，希望商家能够多提供些座椅"

> "希望社区底商能够多一些外摆游乐空间，遛娃、会友、购物一次搞定"

02 模块设计导向

回应新鲜感体验需求

灵活功能
设置可灵活运用的空间，营造丰富的活动，如商业外摆、街头文化活动等，营造持续吸引力。

回应合理分区需求

街道分区明确
通过设置外摆区、通行区及活动区，使得各功能和谐共存，保证人行通畅。

回应社交需求，休闲玩乐需求

人气活力带
设计关注人气聚集，设置充分的社交场地与玩乐场地，带动活力氛围。

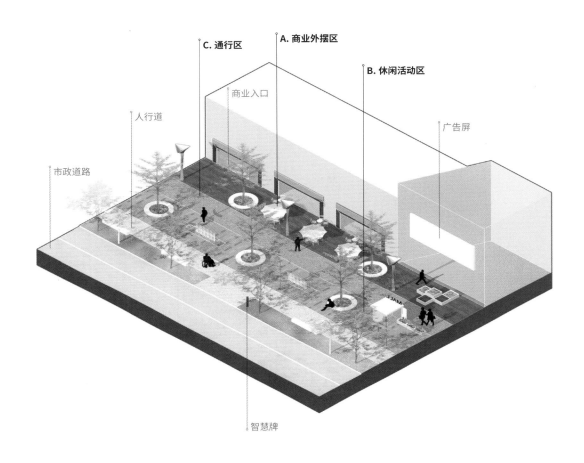

C. 通行区

A. 商业外摆区

B. 休闲活动区

商业入口

人行道

广告屏

市政道路

智慧牌

A . 商业外摆区

B. 休闲活动区

C. 通行区

01 场地设计原则

总空间布局原则

> 应统筹考虑建筑前区以及城市公共空间。

> 在空间局限的场地中，应优先选择 A 功能块；或将 A、B、C 功能模块分开布置。

> A. 商业外摆区：可与相邻建筑灰空间结合布置。

> B. 休闲活动区：可与其他相邻空间结合布置，如道路绿化。

> C. 通行区：可与其他相邻空间结合布置，如市政人行道。

内部流线组织原则

> 当底商廊道空间不足时，流线设计可与人行道空间统筹考虑。

与周边界面的关系原则

· 人行道界面

> 底商廊道与人行道不宜设置绿化隔离带。

· 道路界面

> 当底商廊道紧邻城市主干道，相邻道路绿化宽度宜 ≥ 3 米，以创造舒适、低噪声空间。

> 当底商廊道为双侧商业或紧邻城市支路时，应避免设置连续的绿化带，宜设置地面树池或独立花坛，保持商业街视线通透。

· 内侧界面

> 绿化及外摆座椅应与建筑入口流线协调。

> 在重要建筑入口，应设置标志性景观节点，形成迎宾入口。

02 植栽及材质原则

上层植栽原则

> 底商廊道宜选择树冠优美的大型或中型乔木，保证局部遮阳，购物区域光线充足。

> 底商廊道可用不同颜色、树形或开花特色的乔木营造主题氛围。

> 宜选用分支点高的乔木，种植位置与店面边缘对齐，避免遮挡视线。

下层植栽原则

> 底商廊道宜选择设置多色彩、季节变换丰富的观赏性植物。

材质原则

> 底商廊道宜选用具有社区文化感、时尚、活泼的铺装家具。

A 商业外摆区

设计导向

> 设置可灵活运用的空间，营造丰富的活动，如商业外摆、街头文化活动等，营造持续吸引力。

功能选项设置原则

> 宜在临近餐饮、小吃、咖啡厅、超市等商店外优先选择设置。

B 休闲活动区

设计导向

> 强调通过创造商业街活动停留区域，带动街道热闹的生活氛围，形成社区人气活力带。

功能选项设置原则

> 宜在临近时尚、电子等日用品购物商店，商业游乐场所附近优先选择设置。

C 通行区

设计导向

> 应通过空间及材质设计形成路径清晰、空间丰富的无障碍人行通道。

功能选项设置原则

> 社区商业广场进深 ≤ 10 米时，人行道与通行区可合并设置。

A 商业外摆区

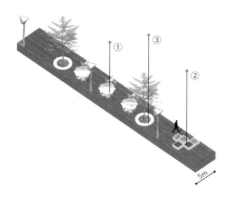

活动规划

>户外就餐、户外休憩社交。

分区空间布局原则

>当空间允许时，宜在外摆区域周围设置植栽围合，丰富街道景观，保障通行安全。

01 **基础功能**

①户外桌椅阳伞

>应由指定的对应商户储存、摆放、清理等。

02 **可选功能**

②商业入口标志花池

>根据商户品牌定制设计。

>应与周边景观和谐，宜结合夜晚灯光设计。

③树池坐凳

>在空间不足的情况下，树池宜与地面平齐，增加活动空间。

>在空间充足的情况下，树池宜与坐凳结合设置，增加休憩空间。

>上层应种植具有地域特色的中型花乔木，下层选择设置观赏草、开花植物。

>树上宜考虑使用灯带等增加氛围感。

B **休闲活动区**

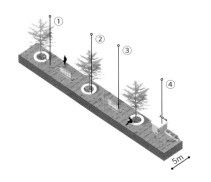

活动规划

>戏水互动、商业花车展览、季节赏花、休憩社交。

分区空间布局原则

>宽度宜≥3米。

01 **基础功能**

①广告标识牌

>应结合灯光，根据商户品牌定制设计。

②树池坐凳

>与商业外摆区的树池坐凳保持标准一致。

02 **可选功能**

③地面旱喷

>应与地面平齐，防止行人摔跤，在喷泉不开启时，提供活动空间。

>喷泉应具有互动性，结合夜晚灯光形成广场的视觉焦点。

④商业花车

>尺寸应大于2米×2米，宜布置在重要商业入口附近或人流量大的交通节点附近。

>宜结合夜晚灯光、logo、植物等设计。

注：模块功能C内容较为简单，故不单独设置功能块设计导则。

○ C3

屋顶花园

ROOF
GARDEN

生活时刻理念

"

创造生活圈的城
市观景台

"

01 模块应用原则

模块定义

> 利用社区公共建筑露台 / 屋顶创造具有生态意义和活动休憩功能的空中花园。

尺度建议

> 总面积建议 ≥ 200 平方米。

重点使用人群

> 生活圈的全龄居民。

02 模块位置建议

位置建议

> 宜设置于商业、服务类公共建筑或住宅露台或屋顶，完善补充其配套户外活动空间，或以生态海绵功能为主。

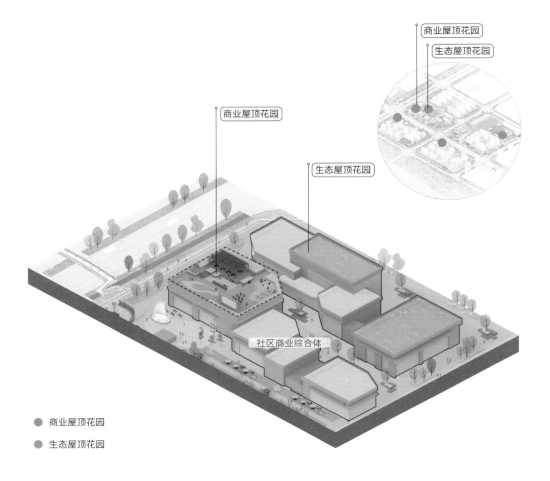

商业屋顶花园

生态屋顶花园

商业屋顶花园

生态屋顶花园

社区商业综合体

● 商业屋顶花园

● 生态屋顶花园

01 使用人群日常需求访谈

形象视觉需求

> 低层建筑屋顶作为城市第五立面，未经充分利用，景色欠佳。

> " 我住的这个小区有很多旧的、低矮的楼房，我家楼层比较高，窗外往下看到其他建筑的屋顶，风景受影响 "

生态节能需求

> 建筑屋顶作为大面积硬质地面，单位时间内雨水带来的地表径流汇聚速度快，给城市管网带来压力。

> " 我住29楼，顶楼。很后悔买顶楼，夏天很热。不知道从设计上能不能规避掉顶楼的这一大缺陷 "

休闲花园、建筑功能外置需求

> 地面空间或建筑内部空间有限，部分功能放在室外更能吸引人。

> " 我住在老城区，社区空间比较狭窄，有的人私自把屋顶作为菜地，如果社区可以做些花园在屋顶，让大家都可以去就不错了 "

02 模块设计导向

回应形象视觉需求

城市形象地标
美化、利用屋顶空间，提升高层住户能见到的景色，创造特色商业屋顶，形成区域地标。

回应生态节能需求

海绵基础设施
通过大草坪、低矮植物等荷载低，但能有效减缓地表径流的植物帮助实现全域海绵功能，同时形成夏季隔热层。

回应休闲花园、建筑功能外置需求

可参与的空中花园
结合绿植与多功能的活动空间，创造兼具观赏价值与公共活动功能的空中花园。

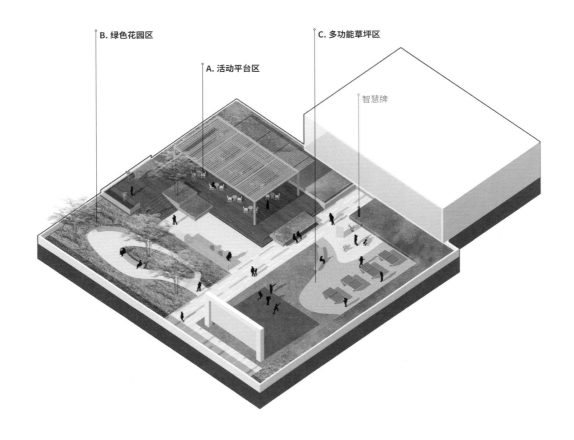

B. 绿色花园区

A. 活动平台区

C. 多功能草坪区

智慧牌

A . 活动平台区

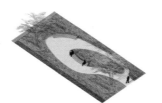

B. 绿色花园区

C. 多功能草坪区

01 场地设计原则

总空间布局原则

>在总面积 <200 平方米的场地中，可依据功能选项原则优先布置相关模块。

>在空间不连续的场地中，A、B、C 功能模块可分开布置。

>A. 活动平台区：宜选择空间最小宽度 ≥ 5 米、形状较为方正或长条形的场地布置。

>B. 绿色花园区：宜选择空间最小宽度 ≥ 3 米的场地布置，场地形状不限。

>C. 多功能草坪区：宜选择空间最小宽度 ≥ 5 米、形状较为方正或长条形的场地布置。

入口尺度原则

>屋顶花园入口宽度宜 ≥ 2 米。

入口位置原则

>屋顶花园主要人行入口应与建筑顶层功能空间紧密联系，具体位置与室内楼梯应统一考虑，须满足国家防火安全规范。

内部流线组织原则

>流线设计应串联各建筑出入口，满足屋顶消防规范。

与周边界面的关系原则

>屋顶花园眺望处采用满足规范高度的通透围栏，如玻璃、格栅（满足安全栏间宽度）。

>屋顶花园非瞭望处，与女儿墙宜保持 ≥ 3 米的绿化安全隔离。

02 植栽及材质原则

软硬比原则

>宜 ≥ 3：7。

林下空间占比

>宜 ≥ 10%。

上层植栽原则

>屋顶花园宜种植耐旱、耐风的小乔木，小型花木（根系浅而稳固）。

>可种植于地面或抬起的植栽花池中（设置于建筑周边圈梁位置，以减少屋顶荷载），点位布置宜结合建筑结构荷载分布。

下层植栽原则

>宜选择耐旱草坪、地被、灌木或匍匐攀缘植物。

材质原则

>屋顶花园宜选择轻质的铺装、家具及种植土壤。

>绿色花园区应选择生态材料，如木栈道、碎石等。

>健身区域铺装材质宜选择柔软防摔的塑胶等。

>屋顶花园材料宜呼应建筑立面，与建筑和谐统一。

C3

A 活动平台区

设计导向

>廊架提供半室内休憩空间,与平台结合可作为云端舞台,创造特色商业屋顶,形成区域地标。

功能选项设置原则

>宜与商业、公建屋顶花园结合。

B 绿色花园区

设计导向

>通过低矮植物丰富四季景色,增强花园氛围,同时实现全域海绵功能。

功能选项设置原则

>宜与住宅、公建屋顶花园结合。

C 多功能草坪区

设计导向

>结合绿植与多功能的活动空间,设置健体智能运动设施和球场,创造兼具观赏价值与公共活动可能的空中花园。

功能选项设置原则

>宜与商业、公建屋顶花园结合。

A 活动平台区

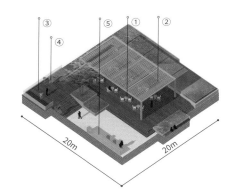

活动规划

>休憩交流、户外餐饮、活动集会、城市眺望。

分区空间布局原则

>面积宜 ≥ 50 平方米。

>宜结合建筑灰空间、建筑入口或人流密集区设置，宜减少隔挡，朝向屋顶观景面，以增加开放参与感和视线互动。

>宜单独设置入口。

01 基础功能

①外摆平台

>面积宜 ≥ 50 平方米，可搭配家具、餐饮外摆、台阶坐墙、植栽花池等。

>着重灯光设计，形成夜间打卡点。

02 可选功能

②遮阴廊架

>结合外摆平台布置，宜轻质。

③城市瞭望台

>面积宜 ≥ 25 平方米，抬升至建筑女儿墙高度。

>采用满足规范高度的玻璃围挡，营造无边界感。

④打卡瞭望装置

>投币式望远镜或特色相框等艺术装置，形成打卡点。

⑤吧台

>宜设置 1.2 米高轻质吧台，结合吧台坐凳、充电口布置。

B 绿色花园区

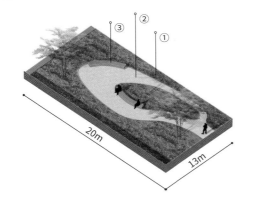

活动规划

>休憩散步、生态教育。

分区空间布局原则

>面积宜≥50平方米。

>宜避免临近入口或者主要人流区域，以营造生态静谧之感，可为相邻建筑提供景观面。

>应保证足够的休憩区域和绿化植栽区域。

>可与其他区域共用入口。

01 基础功能

①绿化植栽

>标高应为屋顶最低，形成汇水区。

>分层种植浅根、抗风植栽。

>连通屋顶雨水收集管道。

02 可选功能

②生态步道

>宽度宜≥0.8米，连接主通道和建筑入口，宜形成环路。

③休闲坐凳

>于步道开放处布置，应考虑遮阴、赏景因素。

C 多功能草坪区

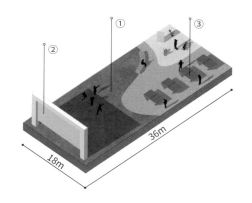

18m
36m

活动规划

>社区文娱活动、休憩交流、小球运动、
健体、智能运动、智能身体检测。

分区空间布局原则

>面积宜 ≥ 100 平方米。
>宜结合建筑入口设计，便捷可达。
>宜单独设置入口。

01 基础功能

①活动草坪

>100 ～ 250 平方米，可选用易维护的人工
草坪，可摆放移动躺椅等家具。

02 可选功能

②多功能屏幕

>可组织屋顶露天电影等社区活动。

③天空运动场

>50 ～ 100 平方米，器械间保持安全隔离
距离。
>优先布置不易产生坠落物的运动场地，
如个人运动器械、儿童活动场地等。
>若布置球场等有坠物隐患的场地，应按
规范要求加高防护网。

S1

儿童
口袋公园
CHILDREN'S
POCKET PARK
生活时刻理念

"

激发童趣的街区
全龄游乐基地

"

01 模块应用原则

模块定义
>街区儿童及全龄居民的开放共享游乐场地。

尺度建议
>总面积建议≥150平方米。

重点使用人群
>生活圈的儿童、少年、看护者及爱好玩乐的全龄群体。

02 模块位置建议

位置建议
>宜与学校、商业设施、邻里中心、文化中心、住宅入口等功能相邻布置。
>宜避开交通繁忙的路段。
>服务半径为300米。

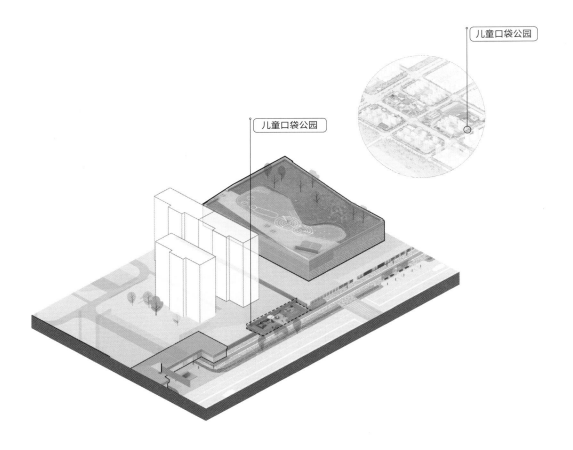

儿童口袋公园

儿童口袋公园

01 使用人群日常需求访谈

互动社交、全龄休闲玩乐需求

>生活范围内游玩区域不足，同时缺乏适合不同年龄儿童的游玩区域。

> "小孩的同学都住在周边不同小区，很难找一个不用刷门卡进入小区就可以玩耍的地方"

> "社区大部分游乐场都是给大龄的小孩玩，没有适合小朋友玩的"

教育型玩乐需求

>传统游乐场缺少知识教育的元素，应注重在玩乐中培养孩子对学习的兴趣。

> "希望游乐场给他们带来关于对外界认知的启发意义"

自由玩乐、优质育儿需求

>需要提供更多丰富感官体验，促进儿童身心成长的设施。

> "学龄儿童更喜欢传声筒、无重力空间等新奇的玩法"

> "三岁以内的小孩主要靠感官来感知世界，所以可以多注重色彩、触感"

02 模块设计导向

回应互动社交、全龄休闲玩乐需求

街区全龄互动

>创造大人和儿童共同参与的社区儿童口袋公园，应选用轻型游乐设施，打造亲子互动、全龄参与的打卡型活动。

回应教育型玩乐需求

寓教于乐

设计可结合自然科学科普、社会学习参与等主题创造。

回应自由玩乐、优质育儿需求

激发儿童感官

设计应主张结合自然触感、色彩、声音、物理动感等，激发儿童的多样感官体验。

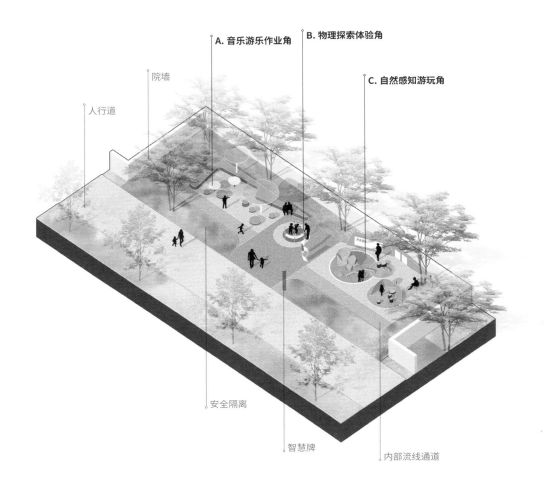

A. 音乐游乐作业角　　B. 物理探索体验角

C. 自然感知游玩角

院墙

人行道

安全隔离

智慧牌

内部流线通道

A . 音乐游乐作业角　　　**B . 物理探索体验角**　　　**C . 自然感知游玩角**

01 场地设计原则

总空间布局原则

>在总面积≤150平方米的场地中，可依据功能选项原则优先布置相关模块。

>在空间不连续的场地中，A、B、C功能模块可就近分开布置。

>A. 音乐游乐作业角：宜选择空间最小宽度≥3米处布置，场地形状不限。

>B. 物理探索体验角：宜选择空间最小宽度≥5米处布置，场地形状不限。

>C. 自然感知游玩角：宜选择空间最小宽度≥5米处布置，场地形状不限。

入口尺度原则

>公园入口宽度宜≥3米。

入口位置原则

>公园宜设置1～2个入口，宜与人行道相连。

内部流线组织原则

>通行流线宜与玩耍区域流线分流，强化儿童游玩的安全性。

02 植栽及材料原则

软硬比原则

>宜≥4：6。

林下空间占比

>宜≥40%。

上层植栽原则

>公园宜选择树冠宽阔的遮阳型乔木，点缀开花或季节变化丰富的树种。

下层植栽原则

>公园宜选择柔软、无刺、无毒的植物。

>公园宜配置色彩多样、季节变换丰富的趣味性植物。

>与人行道之间的隔离区域应种植低矮植物，保证场地无视线死角。

材质原则

>公园宜选择色彩鲜艳的铺装及家具材质。

>大动作玩乐区的铺装材质宜选择柔软防摔的塑胶、人造草坪、局部沙地等。

03 特殊功能设施

>智能互动设施，如信息屏、广播等。

>宜配置儿童急救包。

04 其他备注

>宜增加监控设备，保证夜间光照强度，增加场地安全性。

A **音乐游乐作业角**

设计导向

> 应以音乐感知、全龄交流、社交启蒙为设计理念，创造可以产生互动的游玩场地。

功能选项设置原则

> 宜在商业、邻里中心附近优先选择设置。

B **物理探索体验角**

设计导向

> 应以创意玩乐、物理动力、全龄互动为设计理念，创造可以与知识融合的游玩场地。

功能选项设置原则

> 宜在商业、邻里中心附近优先选择设置。

C **自然感知游玩角**

设计导向

> 应以自然课堂、触感认知、全龄探索为设计理念，创造可以触摸探索自然元素的游玩场地。

功能选项设置原则

> 宜在教育文化机构、小区入口附近优先选择设置。

A 音乐游乐作业角

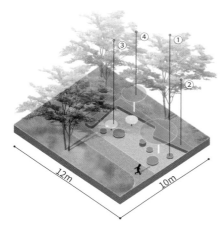

活动规划

>音乐合奏启蒙、全龄玩乐、休憩社交、学习互动、家长看护。

分区空间布局原则

>面积宜≥60平方米。

>宜尽量沿人行道方向布置，通过绿化围合，在提升空间安全性的同时，保持充分的街道视线互动。

>可与其他区域共用入口。

01 基础功能

①鼓点坐凳

>应选择色彩明快鲜艳，可与敲打类乐器结合的趣味体验家具。

②坐墙

>应结合背景植栽，保证和谐美观。

>应考虑儿童尺度，设置0.3～0.5米不同高度。

>每3米距离应设置1个带扶手座椅。

>座椅宜设置防轮滑带，避免轮滑者损坏座椅。

02 可选功能

③彩色家具组合

>应考虑儿童尺度，设置0.3米和0.4米两种高度。

>宜考虑5～8人、2～3人、1人多种空间形式，满足不同使用需求。

④音乐风雨廊

>宜结合风铃制造互动音乐。

B 物理探索体验角

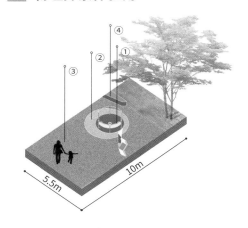

活动规划
>无动力装置玩乐、 全龄游戏。

分区空间布局原则
>面积宜≥ 30 平方米。
>宜尽量沿人行道方向布置，形成开放式入口，
以增加空间的参与度。
>可与其他区域共用入口。

01 基础功能

①无动力装置设施
>应设置可多人参与的无动力玩乐设施。
>设计宜具有趣味性以及主题特色。

②缓冲区域
>无动力装置设施周边应预留 1 米以上的无阻碍
安全防护距离，宜通过地面铺装变化提示周围
人群。

③色彩胶地
>塑胶铺装宜色彩鲜艳，形成活泼的图案。

02 可选功能

④坐墙
>宜结合背景植栽，保证和谐美观。
>应考虑儿童尺度，设置 0.3 ～ 0.5 米不同高度。
>每 3 米距离应设置 1 个带扶手座椅。
>座椅宜设置防轮滑带，避免轮滑者损坏座椅。

C 自然感知游玩角

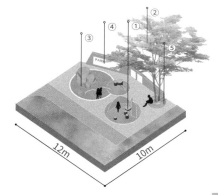

活动规划

>五感启蒙、自然科普、休憩社交。

分区空间布局原则

>面积宜≥ 60 平方米。

>宜尽量沿人行道方向布置，通过低矮植物围合，在提升空间安全性的同时保持充分的街道视线互动。

>可与其他区域共用入口。

01 基础功能

①探索区块

>自然探索：宜选择原木等本地材料。

>自我探索：宜结合反光材质创造哈哈镜等辅助儿童自我认知探索。

②庭荫树

>宜为儿童创造季节感知。

02 可选功能

③体能区块

>平衡型：落差应小于 0.3 米。

>力量型：垂直落差应小于 1 米，宜尽量采用具有本土特色的材质。

④互动科普墙

>高度宜考虑儿童尺度，宜< 1.5 米。

>结合周边院墙宜布置互动数字屏幕、宣传海报，建议由周边社区、学校、居委会负责定期更换宣传内容。

⑤树池坐凳

>考虑儿童尺度，坐凳高度为 0.3 ～ 0.4 米。

S2

学区
入口广场
SCHOOL
NTRANCE PLAZA

生活时刻理念

"

上下学安全等候
集散场地

"

01 模块应用原则

模块定义
>学校入口昭示性集散广场。

尺度建议
>总面积建议 ≥ 150 平方米。

重点使用人群
>学生及接送者。

交通设施建议
>可与车站候车区一体化设计。
>应紧邻广场入口设置非机动车停靠点。

02 模块位置建议

位置建议
>学校、幼儿园主入口处。
>宜结合校园建筑形态一体化设计。
>宜与社区慢行体系相邻。

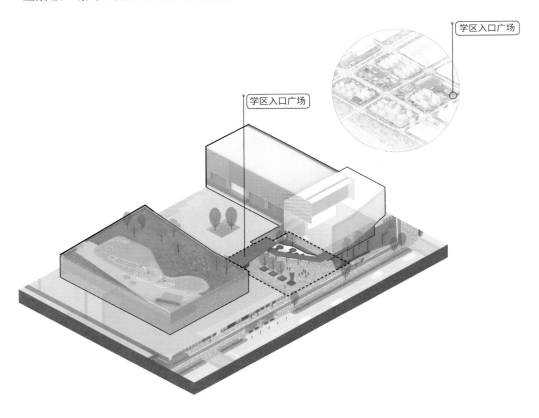

学区入口广场

学区入口广场

01 使用人群日常需求访谈

上下学集散需求

> 上下学时学生流量大，校门口堵塞，人车混行，有安全隐患。

> 接送小孩的地方，门口车多路窄，看到一些等候家长的孩子跑来跑去，安全性让人担忧

接送等候需求

> 缺少步行者的等待休憩空间，学生等车、家长等待孩子体验不佳。

> 接送等候区可以设置一些休息座椅，老人们每次都站得很辛苦

遮风避雨需求

> 下雨天无遮挡风雨的等候处。

> 中午给孩子送饭过来，需要等候一段时间，希望能有遮阳的地方

> 除了遮阴，还需要挡雨，南方夏天雨季比较长

02 模块设计导向

回应上下学集散需求

校园外广场
校门向内退让，形成无机动车的开阔入口广场，提供充足的安全上下学集散空间，避免拥挤；造型广场形成昭示性入口界面。

回应接送等候需求

等候区、校风展示区
等候区设置带靠背座椅，结合遮阴树池、展览板，形成有辨识度的等候空间。

回应遮风避雨需求

连续风雨廊
风雨廊从校园内延伸至广场，提高雨天等候的舒适度。

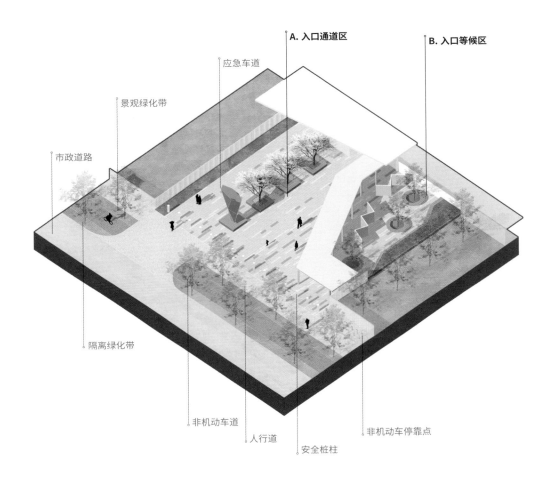

A. 入口通道区   B. 入口等候区

应急车道

景观绿化带

市政道路

隔离绿化带

非机动车道

人行道

安全桩柱

非机动车停靠点

A . 入口通道区

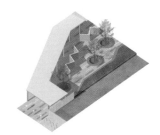

B. 入口等候区

01 场地设计原则

总空间布局原则

> 在总面积 ≤ 150 平方米的场地中，应优先选择布置 A 功能模块。

> 在空间不连续的场地中，A、B 功能模块不宜分开布置。

> A. 入口通道区：应与校门位置居中对齐。

> B. 入口等候区：宜选择空间最小宽度 ≥ 3 米处布置，可与其他相邻空间结合布置，如建筑入口灰空间。

内部流线组织原则

> 广场内部应以人行环境为主，仅设置应急车道。

> 广场入口处应保证非机动车与人行及机动车道分流。

与周边界面的关系原则

· 人行道界面

> 广场宜与人行道衔接流畅，便于人群疏散。

· 道路界面

> 宜在广场与车行道间设置 ≥ 1.5 米的绿化隔离，保证安全。

> 广场入口宜设置与道路相连的 6 米应急车行通道。

> 广场与车行入口之间宜设置 1 米高、间距 0.9 ～ 1.5 米的可移动安全桩柱，提高安全性。

> 广场相邻道路界面宜设置具有学区特色的社区文化墙模块。

02 植栽及材质原则

软硬比原则

> ≥ 3：7。

林下空间占比

> ≥ 30%。

下层植栽原则

> 广场宜与道路植栽一体化考虑。

材质原则

> 广场宜与街道主题材质和谐。

> 广场入口宜选择具有引导性、文化标志性、连续的地面铺装。

> 广场应急通道铺装应满足车行承压要求。

A 入口通道区

设计导向

> 应以安全通畅为设计理念，创造上下学人群疏散通道，结合标志性的花池、雕塑提升学校入口的形象感。

功能选项设置原则

> 此项为学区入口广场的必选功能块。

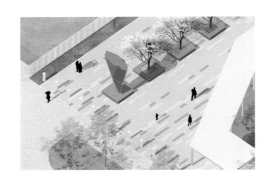

B 入口等待区

设计导向

> 应以舒适的人性化设计为理念，创造学生上下学及家长接送的等候缓冲空间。宜结合学区文化展示空间提升等候空间的社交氛围。

功能选项设置原则

> 宜在小学、中学门口选择设置。

A 入口通道区

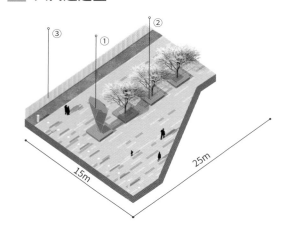

③ ① ② 15m 25m

活动规划

> 上下学人流集散、学校精神展示、应急通车。

分区空间布局原则

> 面积宜 ≥ 100 平方米。

> 宜沿出口主要人流方向布置，以起到快速疏导人流的作用。

> 应退让出一定的安全缓冲距离，形成校区昭示性和空间秩序感。

> 宜单独设置入口。

01 基础功能

①学校标识

> 宜设置于主入口临街前区的中央或一侧，设计应凸显学校文化特色。

> 高度宜为 2 ～ 5 米，保证临街可见度。

02 可选功能

②阵列树池

> 布局宜顺应人流方向。

> 宜选择开花大乔木等具有观赏价值的标志性树种，形成鲜明的校门口记忆点。

③学区文化墙

> 宜结合周边围墙、相邻建筑外廊或风雨连廊设置。

> 宜由学校定期更换信息展示内容。

B 入口等待区

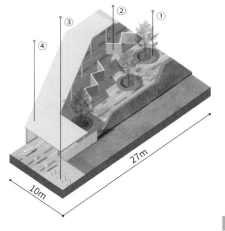

活动规划

>接送等候、课后学习交流、信息展示、非机动车停放。

分区空间布局原则

>面积宜 ≥ 50 平方米。

>宜靠近学校大门布置，以便学生出校门可直接到达。

>宜结合建筑挑檐或遮阴植栽布置。

>可与其他区域共用入口。

01 基础功能

①等候座椅

>宜结合树池或绿化花坛设计，以保证夏季遮阴。

>座椅宜考虑组团摆放，促进社交。

>应在不少于三处提供有靠背座椅,方便老年人等候。

②信息宣传展板

>宜结合周边围墙、相邻建筑外廊或风雨连廊设置。

>宜由学校定期更换信息展示内容。

③非机动车停靠点

>参考非机动车停靠点模块要求。

02 可选功能

④连续风雨廊

>宽度 ≥ 3 米。

>宜与校园出入口、主建筑出入口、等候区、学校内风雨廊相连，提升雨天上下学体验。

>应结合气候考虑连廊材质的遮雨效果、透光性等。

S3

落客点

DROPOFF
POINT

生活时刻理念

"

疏导交通拥堵的
校门口

"

01 模块应用原则

模块定义
>港湾式落客点。

尺度建议
>总宽度建议≥6米。

重点使用人群
>学生及接送者，商业区乘车人群等。

交通设施建议
>落客点与候车区之间宜使用安全柱分隔。
>宜设置昭示牌，方便出租车载客。

02 模块位置建议

位置建议
>宜设置于学校周边的支路上，距离学校入口不宜超过50米。
>也可以设置于商业入口附近50米内。

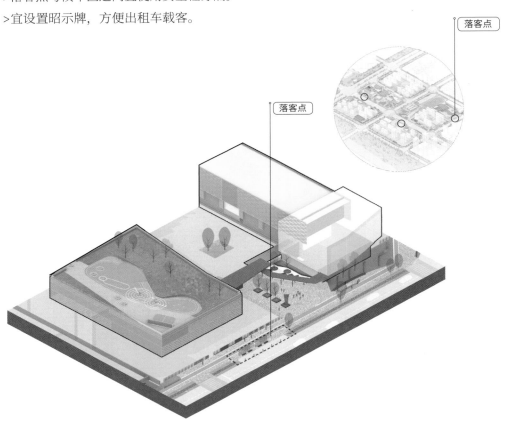

落客点

落客点

01 使用人群日常需求访谈

安全落客需求

> 机动车聚集于学校门口接送造成交通不畅，人车流线混杂带来安全隐患。

> 接送小孩是一个让人头痛的事，不太好停车

> 我们小区旁边就是一个小学，每天上下学的时候都很拥堵

遮风避雨需求

> 下雨天在路边等车无遮挡风雨处，无等候缓冲区，车辆快速驶过易将污水飞溅到身上。

> 可以设置能遮风挡雨的等候区

短时休憩需求

> 缺少等待休憩空间，上下学高峰时段，学生聚集在落客等候区，缺少座椅等配套设施，车辆来往不太安全。

> 有时候堵车，在落客点要等上十几分钟，孩子站着等觉得很累

02 模块设计导向

回应安全落客需求

港湾式落客区域
在学校周边设置港湾式落客区域，降低等候区车速，减小对主要道路的干扰。

回应遮风避雨需求

小型风雨廊
设置风雨廊，增加等候舒适度。

回应短时休憩需求

休憩等候区
等候区应设置座椅、安全桩柱、自动售货机、垃圾桶等配套服务设施。

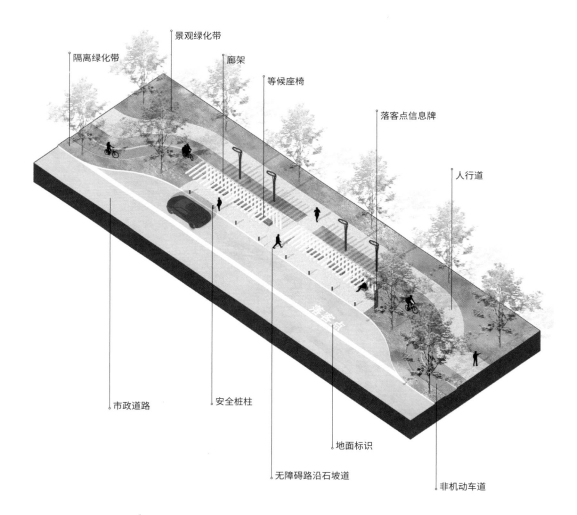

隔离绿化带

景观绿化带

廊架

等候座椅

落客点信息牌

人行道

市政道路

安全桩柱

地面标识

无障碍路沿石坡道

非机动车道

01 场地设计原则

总空间布局原则

> 港湾式落客点长边应沿人行道方向布置，长度应允许至少两辆车停靠，宜 ≥ 16 米（不包括转弯区域）。

> 港湾式落客点停车区进深应 ≥ 3 米，等候区进深应 ≥ 1.5 米。

> 落客点等候区宜设置廊架、等候座椅及落客点信息牌。

与周边界面的关系原则

·人行道界面

> 宜沿人行道内凹，形成安全港湾空间，不阻挡行人通行。

> 宜与临近人行道之间设置 ≥ 1.5 米宽的隔离绿化带，防止等候人群阻挡人行道。

> 宜设置 1～2 个与人行道连接的入口。

·非机动车道界面

> 在道路空间充足的情况下，非机动车道应与人行道一同内凹，与落客车辆流线分离。

> 在道路空间不足的情况下，非机动车道可以设置于落客点外侧，但应在车辆进出落客点处设置安全警示牌，消除非机动车流线与落客流线交叉带来的安全隐患。

> 非机动车道与等候区之间宜设置 ≥ 1 米宽的隔离绿化带或 ≥ 0.9 米高的防护栏隔离，可结合等候区廊架一体化设置。

·道路界面

> 落客点与相邻车行道之间应按当地交通规范设置适宜的地面警示标识，如黄色涂漆、白色斜线等。

> 宜在道路上合理的距离内设置"前方有落客点"警示牌。

> 车辆落客点与等候区之间应设置 1 米高、间距 0.9～1.5 米的安全桩柱，提高等候区安全性。

> 应设置 1～2 个无障碍路沿石坡道，为轮椅使用者提供便捷。

02 植栽及材质原则

上层 / 下层植栽原则

> 应与道路植栽进行一体化考虑。

材质原则

> 应与街道主题材质和谐。

03 特殊功能设施

> 落客点信息牌。

"

关爱下一代的慢
行街区

"

01 模块应用原则

模块定义

>智能安全减速路口。

尺度建议

>覆盖整个道路交叉口区域。

重点使用人群

>学生及接送者。

交通设施建议

>应设置减速带、红绿灯、过街安全岛，
人行道口设置智能过街指示灯、语音提
醒装置。

02 模块位置建议

位置建议

>可在学校、幼儿园、其他教育机构地块四
周交叉口，以及必要的街道中区段设置，
宜与人行道相连。

>宜避开快速道路设置。

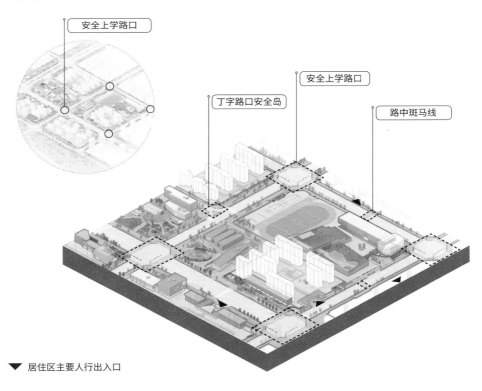

安全上学路口

丁字路口安全岛

安全上学路口

路中斑马线

▼ 居住区主要人行出入口

01 使用人群日常需求访谈

规范高效的路口系统需求

>上下学十字路口安全性较差，拥挤、混乱。

> " 孩子从家到学校只需要过一个路口，但因为路口没有天桥，车特别多，所以每次还是需要我接送，希望可以多一些路口安全措施 "

02 模块设计导向

回应规范高效的路口系统需求

全面安全的路口
依照路口实际情况设置过街路面抬升、安全岛、智能提示灯、交通指导员等，提升路口安全性。

减缓车速需求

>穿行车辆车速过快，交通情况复杂，形成安全隐患。

> " 孩子学校外面的那条路上车都开得很快，总是担心孩子不小心跑到马路上出安全事故 "

回应减缓车速需求

减速带防护
在校园人行出入口一定范围内设置路面减速装置，保证行人安全。

路中安全过街需求

>街区过大，行人图方便横穿马路，造成混乱。

> " 希望学校和小区入口连接的地方可以单独设置智能斑马线，最好是有过街天桥，不然有的孩子横穿马路很危险 "

回应路中安全过街需求

路中过街口
在必要区段设置路中斑马线与提示灯，集中安全过街。

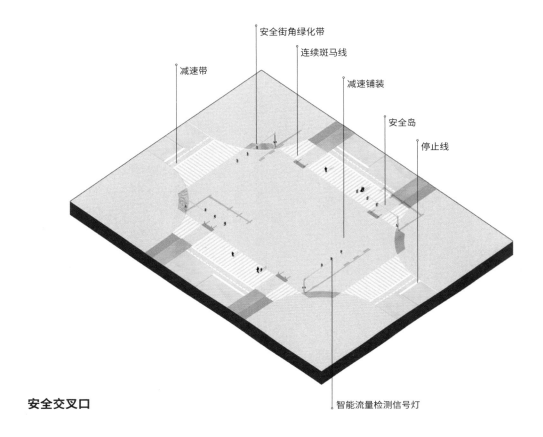

减速带

安全街角绿化带

连续斑马线

减速铺装

安全岛

停止线

智能流量检测信号灯

安全交叉口

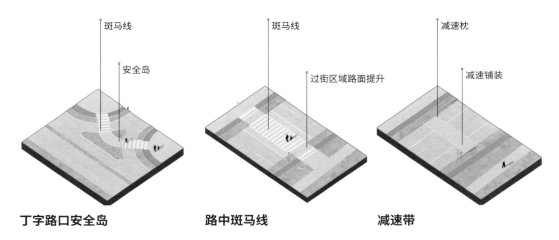

斑马线

安全岛

斑马线

过街区域路面提升

减速枕

减速铺装

丁字路口安全岛　　　　**路中斑马线**　　　　**减速带**

01 场地设计原则

安全交叉口原则

> 斑马线应清晰连贯，宽度 ≥ 5 米，应宽于人行路口。

> 过街区域应整体抬升路面，颜色、面材区别于车道其他区域，提高穿行车辆注意力，以便降低转弯车辆速度。

> 应增设智能感应地面过街指示灯，保证夜间行人过街安全。

> 斑马线之间的街角转弯处宜设置宽度 ≥ 1 米的安全街角绿带，绿带植物高度不应超过 1 米，以保证转角的视线通畅。

丁字路口安全岛原则

> 应设置于丁字路口辅路路中，斑马线应清晰连贯，宽度 ≥ 3 米，应宽于人行路口，安全岛路面抬升，可结合绿化布置。

> 应设置停车让行标识，停车等候线距离斑马线 3 米；可增设智能过街指示灯，保证行人过街安全。

路中斑马线原则

> 应在学校地块距交叉口 ≥ 100 米处的重要过街节点布置，如车站、公园入口、校园次入口等位置。

> 斑马线应清晰连贯，宽度 ≥ 5 米，宽于人行路口。

> 过街区域路面宜整体抬升，颜色、面材宜区别于车道其他区域，以便降低车速。

> 应设置街中过街提示牌、地面过街指示灯，保证行人 24 小时过街安全。

减速带原则

> 应在距学校出入口 150 ～ 300 米范围内的交叉路口设置减速带，并设置学区路段上下学时段限速提示牌。

> 减速带设置可通过改变铺装材质或采用 1.5 米宽、1 ： 10 ～ 1 ： 25 缓坡减速枕，保证应急车辆安全快速通行。

02 植栽及材质原则

材质原则

> 宜选用醒目的铺装材质，增加安全性。

03 特殊功能设施

> 过街提示音。

> 智能流量检测信号灯。

04 其他备注

> 可与道中绿化带结合设置，创造过马路中途停留空间。

> 在养老设施附近安全岛设置扶手等，方便老年人出行。

> 上学高峰时段应由学校或社区安排交通指导员辅助学生过马路。

邻里
公约墙

COMMUNITY
CONVENTION
WALL

生活时刻理念

"

社区共建精神展
示

"

01 模块应用原则

模块定义

> 与住宅小区人行主入口相接的邻里公约主题围界。

尺度建议

> 院墙高 2 米，3 ～ 5 米长为宜。

重点使用人群

> 相邻住宅小区居民。

交通设施建议

> 可与公交车站点、非机动车停靠点一体化设置。

02 模块位置建议

位置建议

> 宜在住宅小区入口 50 米内，靠近街角方向设置，与住宅小区大门、入口休息区或归家风雨廊进行一体化设计。

邻里公约墙

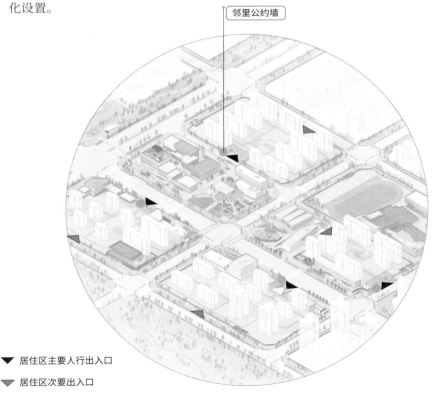

▼ 居住区主要人行出入口

▽ 居住区次要出入口

01 **使用人群日常需求访谈**

居家归属、观赏美化需求

>住宅小区入口周边实体围墙不美观。

> " 住宅小区住户太多，经常看到车辆乱停放、遛狗不牵绳等情况，希望强化社区文明法则管理，让大家都遵守社区约定 "

02 **模块设计导向**

回应居家归属、观赏美化需求

延展归家入口
设计应结合生活圈主题，从内容到形式上凸显生活圈特色与关怀，创造宣传生活圈规章制度的窗口，营造社区特色与归属感。

互动社交需求

>住宅小区入口缺乏小面积社交停留场地。

> " 我在大门口遇到邻居经常会聊几句，希望大门口有休憩聊天的空间 "

回应互动社交需求

社交型围界
设计应预留一定的停留空间，为在出入口偶遇的街坊邻居提供可短暂停留的交谈空间。

居住生活展示需求

>新理念下的生活圈规划了丰富的生活，缺乏让居民直接了解的渠道。

> " 我听说这边是个大生活圈，但是具体有什么还没来得及去体验 "

回应居住生活展示需求

生活圈指南
设计宜以文字地图等多种形式向居民介绍生活圈的生活理念与生活设施。

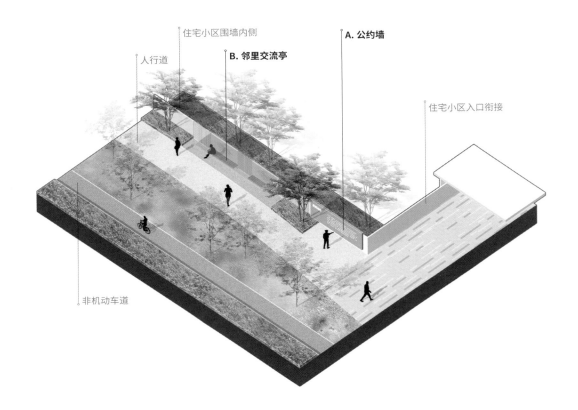

人行道

住宅小区围墙内侧

B. 邻里交流亭

A. 公约墙

住宅小区入口衔接

非机动车道

01 场地设计原则

与周边界面的关系原则

>应布置于与住宅小区入口相邻的人行
道旁。

>公约墙相邻的人行道宽度宜≥3米。

02 植栽及材质原则

材质原则

>应与街道风格及住宅小区入口设计材质
相协调。

03 其他备注

>应由住宅小区物业更新公约墙信息。

A 公约墙

设计导向

> 设计应结合生活圈主题，从内容到形式上凸显生活圈特色与关怀，创造宣传生活圈规章制度的窗口。

功能选项设置原则

> 宜在住宅小区人行主入口附近选择设置。

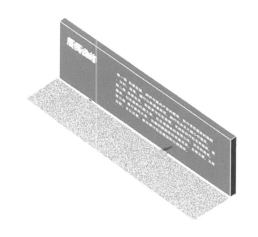

B 邻里交流亭

设计导向

> 设计应预留一定的停留空间，为在出入口偶遇的街坊邻居提供短暂停留交谈的空间。

功能选项设置原则

> 宜在绿化良好的住宅小区人行主入口附近选择设置。

尺度原则

> 宜 6 ～ 10 米长，2 米高。

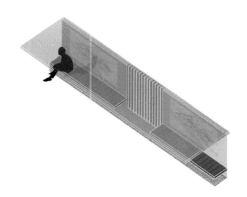

N2

社区
文化墙

COMMUNITY
CULTURE
WALL

生活时刻理念

“创建一个社区文化共建的展示窗口”

01 **模块应用原则**

模块定义

>展示社区文化的主题围界。

尺度建议

>院墙高度 2 米，长 6 ～ 10 米为宜。

重点使用人群

>相邻住宅小区居民。

02 **模块位置建议**

位置建议

>可结合社区中心、社区商业、学校等教育机构、交通集散站设置。

>可与车站功能一体化设计。

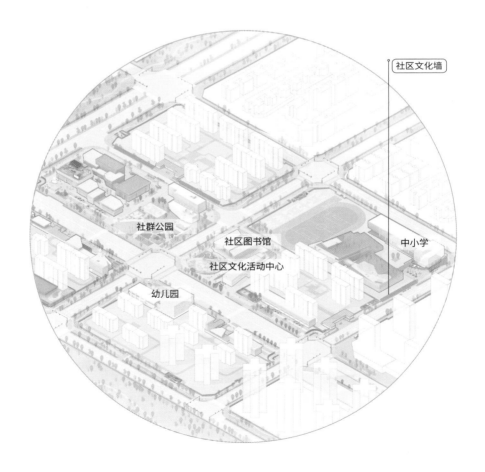

社区文化墙

社群公园

社区图书馆

社区文化活动中心

中小学

幼儿园

01 使用人群日常需求访谈

城市形象需求

>连续的围墙使不同住宅小区缺乏文化特色，行走体验差，无法为居民提供归属感。

> 这边走起来其实不太舒服，一边是马路，一边是围墙，也没什么设计，挺无趣的

文化教育需求

>学校围界作为回家的必经之路，单调的围墙未有效利用，人文感弱。

> 孩子学校附近的墙张贴的都是商业广告，和学校的学习气氛特别不符合

自然形象需求

>连续的硬质围墙让城市界面失去活力，墙体老化、形象不佳，降低行走舒适度。

> 很多老居住区，墙上都有爬山虎，这应该是最早的网红绿墙了吧？我觉得挺绿色的

> 有的地方高差比较大，一般就是光秃秃的一面墙，如果能设计成植物墙，会显得更有生机、更美观

02 模块设计导向

回应城市形象需求

社区特色复合
设计应呼应生活圈主题，挖掘独特性，创造归属感。

回应文化教育需求

社区文化宣传
设计应融合教育意义与展示功能，融入知识文化特色展示，创造趣味城市集结点，提供日常的教育熏陶。

回应自然形象需求

立体绿色氛围
利用墙体增加城市绿色面积，营造自然的城市界面。

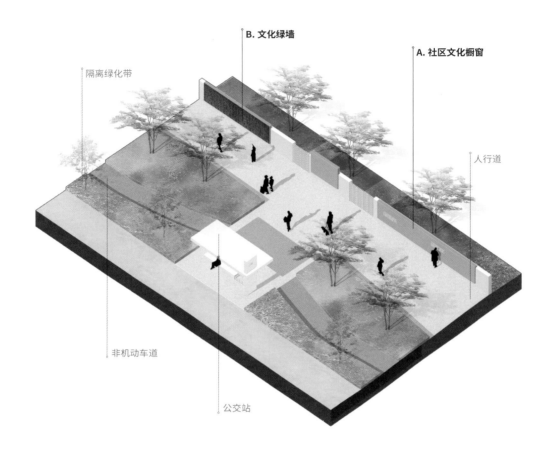

B. 文化绿墙

A. 社区文化橱窗

隔离绿化带

人行道

非机动车道

公交站

01 场地设计原则

与周边界面的关系原则

>宜布置于与重要建筑入口、公共交通站
  点入口相邻的人行道旁。

>与文化墙相邻的人行道宽度宜≥3米。

>文化墙建议长度为4～5米。

02 植栽及材质原则

材质原则

>应凸显社区文化风格主题。

03 其他备注

>应由住宅小区物业统筹周边居民、学生
  等定期更新文化墙内容。

A 社区文化橱窗

设计导向

> 应以生活圈归属宣传、生活圈特色复
> 合为设计理念，结合人流往来密集处，
> 创造社区文化展示橱窗。

功能选项设置原则

> 宜在重要建筑入口、公交站入口附近
> 选择设置。

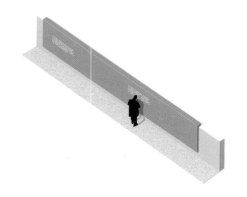

B 文化绿墙

设计导向

> 创造绿色美观且具有空气净化作用的
> 垂直绿色种植墙面，提升文化墙的舒
> 适感。

功能选项设置原则

> 宜在商业设施、公园附近选择设置。

尺度原则

> 根据构筑物载体情况决定。

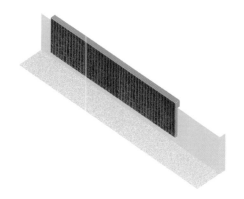

N3

住区
入口广场
RESIDENTIAL
ENTRANCE
PLAZA

生活时刻理念

"

让居民安心的归
家驿站

"

01 模块应用原则

模块定义

>住宅小区入口广场。

尺度建议

>客厅式入口广场面积宜≥ 600 平方米。

>门头式入口广场面积宜≥ 300 平方米。

重点使用人群

>住宅小区居民及访客。

交通设施建议

>人、非机动车、机动车行至入口广场应分流，四轮车应分流进库，两轮车应由专线进入小区。

02 模块位置建议

位置建议

>宜布置于住宅小区主要人行入口处，与生活圈主要步行流线相接。

住区入口广场

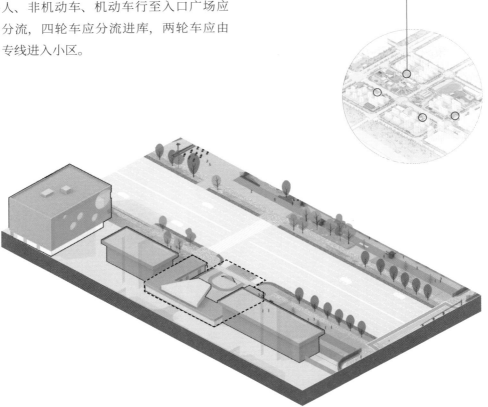

01 使用人群日常需求访谈

标志形象需求

>缺乏有归家仪式感的住宅小区大门。

> 从远处看到住宅小区入口的标志物是回家的一种心理暗示和象征

02 模块设计导向

回应标志形象需求

标志性入口

入口广场设计应结合生活圈氛围，创造具有明确形象、特色风格、美观礼序的标志性入口。

安全等候空间、社交外廊需求

>入口广场常是邻里交往发生的地方，南方天气多变，广场多为露天，缺少避雨空间。

> 我们这里夏天暴雨特别多，小区门口到归家途中，我希望有风雨归家连廊

回应安全等候空间、社交外廊需求

社交前庭外廊

入口广场设计应注重安全等候空间、舒适等候空间、遮雨遮阳空间的设置，创造功能复合的门厅空间。

安全分流需求

>电动车和行人不分流，安全性不好。

> 现在的小区基本上都做到了机动车分流，但是部分业主还是会在人行道上骑自行车和电动车

回应安全分流需求

便捷分流

设计应注重人、机动车、非机动车的分流，创造安全、便捷、舒适的使用体验。

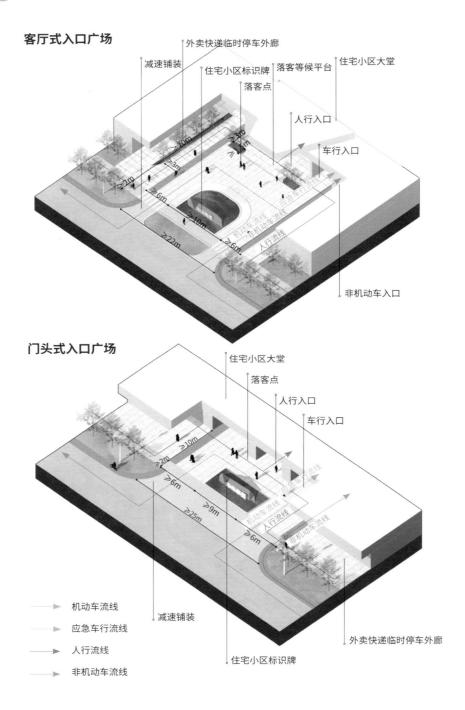

客厅式入口广场

外卖快递临时停车外廊
减速铺装
住宅小区标识牌
落客等候平台
住宅小区大堂
落客点
人行入口
车行入口
≥20m
≥3m
≥1.5m
≥3m
≥2m
≥6m
≥10m
≥22m
≥6m
机动车流线
非机动车流线
人行流线
应急车行流线
非机动车入口

门头式入口广场

住宅小区大堂
落客点
人行入口
车行入口
≥10m
≥2m
≥6m
≥9m
≥25m
≥6m
机动车流线
人行流线
非机动车流线
应急车行流线

→ 机动车流线
⋯→ 应急车行流线
→ 人行流线
→ 非机动车流线

减速铺装
住宅小区标识牌
外卖快递临时停车外廊

01 场地设计原则

总空间布局原则

>客厅式入口广场：应提供酒店式落客回转空间及充足的入口景观展示面，形成入口礼序空间感。入口侧面应结合建筑形成外廊空间。

>门头式入口广场：应提供落客空间及标志性入口景观展示面，宜结合道路绿化加强入口仪式感。

内部流线组织原则

>应对人、落客车辆、非机动车进行分流。

>广场入口人行流线宽度宜≥3米，宜与街道人行道连接。

>广场人行流线：应无障碍连接城市人行道及住宅小区大堂。

>广场落客流线：宜在大堂前区布置宽度≥2米的落客等候平台。

>广场非机动车流线应设置独立入口，并与街道非机动车道相连。

>应利用建筑挑檐或廊架设置快递外卖临时停车外廊，减少临时停车带来的交通阻碍。

与周边界面的关系原则

· 人行道界面

>街道人行道穿越落客车行道的位置应设置连续的人行道铺装和减速带，并保持外部人行道的连续性。

>广场相邻道路人行道应设置社区公约墙模块。

· 道路界面

>广场入口处道路绿化宜与广场进行一体化设计，保持入口视线通畅。

>广场入口附近须按照交通规范设置"前方有车辆出入"的警示牌。

· 内侧界面

>广场前方大堂设计应具有迎宾感，易识别。

>广场两侧应至少有一侧是开放外廊形式，并设置绿化带、座椅，为等候、社交提供便利空间。

02 植栽及材料原则

软硬比原则

>宜≥2∶8。

林下空间占比

>宜≥40%。

上层植栽原则

>广场宜选择树冠优美、强调秩序感的观赏性常绿乔木或花树。

下层植栽原则

>广场宜选择设置草坪、绿篱等强调秩序感的植物。

材质原则

>广场与街区和住宅小区内部风格呼应。

03 **特殊功能设施**

>人脸识别安保系统。

04 **其他备注**

>小区物业应保持入口通畅，落客点应设
置停留时间规定警示牌。

休闲活动
广场
COMMUNITY
CITIZEN
PLAZA
生活时刻理念

"

社区文化活动人
气集结地

"

01 模块应用原则

模块定义

>可容纳大型社区活动的中心广场。

尺度建议

>总面积建议≥2000 平方米。

重点使用人群

>生活圈的全龄居民及访客。

交通设施建议

>应位于主要人行流线或环线。

>应尽量串联跑道，设置跑步活动重要
 节点。

>广场 50 米内应设置充足的非机动车停车
 位和公交车站。

02 模块位置建议

位置建议

>社区重要中心或综合商业街角等公共建
 筑附近。

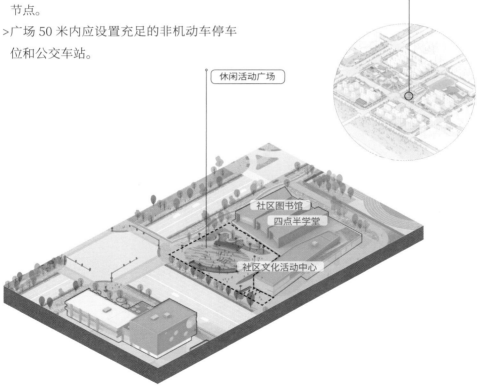

休闲活动广场

社区图书馆

四点半学堂

社区文化活动中心

01 使用人群日常需求访谈

节庆大型户外活动场地需求

>社区缺乏可以容纳大型活动的户外场地。

" 跳广场舞挺好的,但是场地位置不合适就会被别人投诉扰民,希望社区能够有专门的空间 "

" 有时候物业会组织一些社区活动,但是由于空间有限,活动达不到太好的效果 "

当地文化传承需求

>当地文化在社区设计中缺乏考虑。

" 现在全国的社区都长得差不多,希望更多的社区融入各个地区的特色文化,不要千篇一律 "

日常社交活动场地需求

>生活圈缺少日常饭后可以散步、聚会、聊天的场所。

" 除了商业活动之外,希望社区多搞一些公益文化社群类的活动 "

02 模块设计导向

回应节庆大型户外活动场地需求

大型活动广场
设计应考虑可以容纳当地居民喜爱的大型活动的场地,如坝坝舞、社区电影、戏曲舞台等,成为文化展览、节日庆典的举办地。

回应当地文化传承需求

社群文化共融
设计应呼应当地社群文化,建立展示社区特色共融的标志性场地。

回应日常社交活动场地需求

文化社交核心
社区居委会应通过活动策划让生活圈长久保持活力。

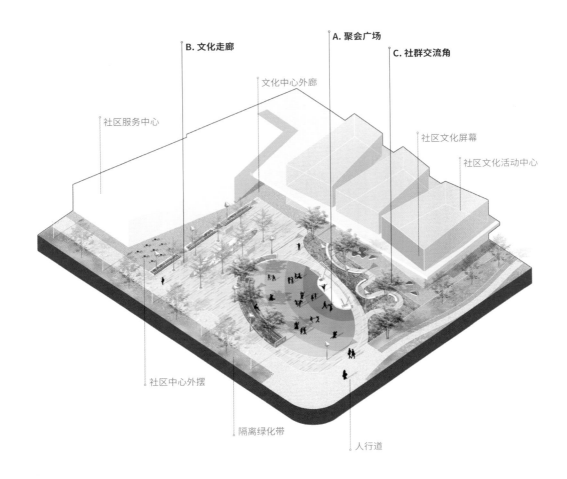

B. 文化走廊

A. 聚会广场

C. 社群交流角

文化中心外廊

社区服务中心

社区文化屏幕

社区文化活动中心

社区中心外摆

隔离绿化带

人行道

A . 聚会广场

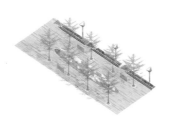

B. 文化走廊

C. 社群交流角

01 场地设计原则

总空间布局原则

>在总面积≤ 2000 平方米的场地中，应优先选择布置 A 功能模块。

>在空间不连续的场地中，A、B、C 功能模块可分开布置。

>A. 聚会广场：宜选择空间最小宽度≥ 20 米、形状较为方正的场地布置。

>B. 文化走廊：宜选择空间最小宽度≥ 10 米、形状为长条形的场地布置。

>C. 社群交流角：可与其他相邻空间结合布置，如建筑灰空间。

内部流线组织原则

>宜设置服务周边建筑入口的便捷穿越流线，并对广场停留的人群进行分流。

与周边界面的关系原则

· 人行道界面

>广场沿社区商业活力主街界面不宜设置花坛分隔，在主要人流方向保持边界开敞。

· 道路界面

>广场四周道路绿化宽度宜≥ 3 米，以创造舒适的安全空间。

>隔离绿化带下层植栽应以低矮植物为主，保持广场视线通畅。

· 内侧界面

>广场周边建筑造型及立面应有社区文化标志风格。

>建筑面向广场一侧，应设置外廊活力灰空间，创造建筑室内外的互动。

>广场宜选择建筑立面的合适位置向广场设置投影大屏幕。

02 植栽及材料原则

软硬比原则

>宜≥ 3 ： 7。

林下空间占比

>宜≥ 50%。

上层植栽原则

>广场宜选择具有标志性、树形优美的常绿乔木，点缀开花或季节变化丰富的树种，局部遮阴，其余保证光线充足。

下层植栽原则

>广场宜选择设置适应本土气候、具有本土特色的观赏花海、观赏草、草坪。

材质原则

>广场宜选用具有社区文化感、时尚活泼的铺装家具。

03 特殊功能设施

>音响电力设备。

>急救设施。

04 其他备注

>由居委会管理广场的活动运营计划。

>活动音响电力设备由社区服务中心统一管理存储，并对外借用。

>建筑应考虑设置对外使用的公共卫生间，以服务居民。

A 聚会广场

设计导向

>设计应考虑可以容纳当地居民喜爱的大型活动的场地，如坝坝舞、社区电影、戏曲舞台等，成为文化展览、节日庆典的举办地。

功能选项设置原则

>宜临近商业、邻里中心优先选择设置。

B 文化走廊

设计导向

>设计应呼应当地社群文化，建立展示社区特色共融的标志性场地。

功能选项设置原则

>宜临近商业、文化建筑优先选择设置。

C 社群交流角

设计导向

>设计应提供居民日常社交活动场地，形成生活圈的社群据点、集会核心。

功能选项设置原则

>宜临近邻里中心、图书馆优先选择设置。

A 聚会广场

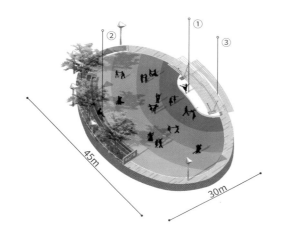

活动规划

>广场舞、社区电影、戏曲舞台、文化展览、节庆活动。

分区空间布局原则

>面积宜 ≥ 1000 平方米。

>宜位于街角处，与人行道临近，以增加空间的开放参与感，形成开阔的街道视线互动和开放式入口，以吸引路过行人进入广场。

>中央活动广场空地应不小于总面积的 70%。

01 基础功能

①舞台

>应注重舞台的灵活使用，展销时为集市商户提供舞台，平时可以是休憩座椅。

>长度宜 ≥ 10 米，宽度宜 ≥ 5 米。

②观众座椅

>应结合植栽进行边沿坐墙设计，保证和谐美观。

>座椅长宜 ≥ 10 米，应设置 1 ~ 3 层观众坐席。

02 可选功能

③廊架

>应根据社区文化特色定制，形成广场形象标志。

B 文化走廊

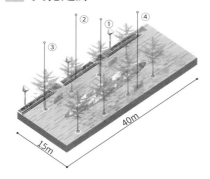

活动规划

> 文化展示、游玩互动、灯光旱喷、季节赏花、休憩社交。

分区空间布局原则

> 面积宜 ≥ 600 平方米。

> 宜沿广场人流方向，结合周边重要建筑入口布置，引导人流进入建筑入口。

> 展示空间或水景观周围宜保持 5 ～ 8 米的活动空间，以增加活动的灵活性。

01 基础功能

① 戏水喷泉

> 宜选用地面旱喷，在喷泉不开启时，提供活动空间。

> 喷泉应具有互动性，结合夜晚灯光形成广场视觉焦点。

② 休憩座椅

> 应结合植栽进行边沿坐墙设计，保证和谐美观。

02 可选功能

③ 花树池

> 宜种植具有地域特色的中型花乔木。

> 在空间不足的情况下，树池应与地面平齐，增加活动距离。

> 在空间充足的情况下，树池应与座椅结合设置，增加休憩空间。

④ 文化展板

> 根据当地文化设置灵活的展示空间。

> 可定期更换展示内容。

注：模块功能 C 内容较为简单，故不单独设置功能块设计导则。

生活时刻模块
设计总则

注：
> 总则包含同类型模块中相同的设计原则，下面列表中的模块应依据括号中的分类，来参考设计总则的详细条例。
> 少数特殊模块的设计导则由于较为特殊所以并未包含于总则中，其设计导则应参考相关模块手册内容。

健康场景
> 青年运动口袋公园(口袋公园)
> 社区康养街道(特色街道)
> 老年休闲口袋公园(口袋公园)
> 宠物口袋公园(口袋公园)
> 城市全龄跑道(特色街道)
> 非机动车停靠点(交通节点设施)

形象场景
> 门户广场(广场)
> 城市绿带公园(参考相关模块手册内容)
> 防护绿带公园(参考相关模块手册内容)

生态场景
> 花园式院墙(特色院墙)
> 生态景观口袋公园(口袋公园)
> 社区生态步道(特色街道)
> 雨水花园/生态草沟(参考相关模块手册内容)

商业场景
> 邻里集市广场/草坪(广场)
> 社区商业廊道(广场)
> 屋顶花园

教育场景
> 儿童口袋公园(口袋公园)
> 学区入口广场(广场)
> 落客点(交通节点设施)
> 安全上学路口(交通节点设施)

社群场景
> 邻里公约墙(特色院墙)
> 社区文化墙(特色院墙)
> 住区入口广场(广场)
> 休闲活动广场(广场)

01 场地设计原则

> 所有空间的布置都应与周边城市、建筑、景观功能密切联系与呼应。
> 应与城市人行道相连，便捷可达。
> 宜与市政街道、沿街绿地、市政公园、用地红线退让等统筹考虑，创造一体化景观。
> 如果空间有台阶，旁边宜设置满足无障碍规范的连接坡道。
> 所有空间设计应保证足够的活动回转区域，方便人群使用或经过。
> 口袋公园（宠物口袋公园除外）及屋顶花园应设置≥1.5米宽的内部硬质地面无障碍流线通道，联系公园内部各个功能区块。
> 口袋公园与人行道之间非开口处应设置≥1米宽的安全绿化，减少安全隐患。
> 口袋公园与院墙相连一侧，应结合院墙内外形成绿篱密植及≥2米的噪声隔离绿化带。
> 特色院墙所在的围墙内侧应设置1～2米宽的绿化带。

02 植栽原则

上层植栽原则
> 口袋公园（生态景观口袋公园除外）、广场、特色街道（社区生态步道除外）、交通节点设施宜保持树冠下空间较高，保证视线和空气流通。
> 重要节点应选择标志性高大或开花乔木。

下层植栽原则

> 口袋公园、广场及特色街道在非隔离区域应避免种植高于 1 米、遮挡视线的灌木。

> 口袋公园及特色街道应结合场地高程设计设置海绵设施，汇集、过滤场地内部地表径流。详见海绵设施模块。

> 所有空间应选择无毒、无刺植物。

03 材质原则

> 透水铺装比例需满足口袋公园、特色街道 ≥ 50%，广场、交通节点设施 ≥ 80%，绿带公园 ≥ 90%。

> 应设置满足无障碍规范的盲道铺装。

> 应选择低维护、耐久材质。

> 生态景观口袋公园、社区生态步道、绿带公园、雨水花园及生态草沟宜选用具有当地乡土特色的和生态环保的材质。

04 场地通用设施原则

家具设施

> 口袋公园、屋顶花园、广场、绿带公园、道路休憩节点及中小学接送落客点应设置充足的休憩座椅，常规情况下，每 5 个座椅应不少于 1 个带有靠背扶手，以满足老年人需求。

> 所有空间应按照以下要求设置垃圾桶：每个口袋公园及广场设置 1 ~ 2 个；特色道路中主干道每 150 ~ 200 米设置一个，次干道每 300 米设置一个；绿带公园每 250 ~ 500 米设置一个。

> 所有空间家具及设施宜结合无障碍需求。

照明设施

> 所有空间应设置夜间灯具若干，应优选太阳能灯具，提供夜间亮度连续、均匀的行走环境。应控制光照强度与方向，避免光线对地块外的周边环境造成干扰。应尽量避免上照光，减少城市灯光对自然环境的影响。应避免眩光，以防止对行人视线造成干扰。

> 有夜间聚会活动需求的场地，应设置亮度较高的灯具，以满足夜间活动照明需求。

> 特色院墙应设置墙面灯具。

科技设施

> 口袋公园、屋顶花园、广场及绿带公园宜设置智慧牌，设置与社区线上运营平台相连的预约、查询、打卡、扫码系统。

> 口袋公园、屋顶花园、广场及中小学接送落客点宜提供 Wi-Fi 覆盖、手机充电设施。

05 标识导览系统原则

形象标识

> 定义：展示区域形象的大型标识或功能雕塑。

> 位置建议：区域入口及主要街角宜设置形象 logo；重要建筑入口、住宅及机构入口可设置 logo 墙或艺术雕塑。

> 设计要求：艺术雕塑应呼应社区文化，高度 >6 米；logo 墙尺度宜根据其具体位置及重要性决定。

功能标识

>定义：具体功能说明的标识，内容可包括功能介绍、导览地图、使用说明、安全说明、无障碍说明等。

>位置建议：应设置于各功能空间的入口处，如口袋公园、屋顶花园、广场及绿带公园、建筑、交通设施的入口。

>设计要求：尺寸应按照人行可看清的范围及高度设置；宜结合设置语音功能、盲文等特殊人群设施；可结合智慧牌设置。

指向标识

>定义：用于指引步行者、车行者到达各功能区域的路引标识。

>位置建议：应设置于生活圈主要十字路口、交通集散站点入口、停车场入口、重要公共空间出入口 10 米范围内。

>设计要求：尺度应按照步行者或驾驶员可看清的范围及高度设置；宜结合设置语音功能、盲文等特殊人群设施；可结合智慧牌设置导览系统。

作者：马迪菲、余淼

策划人：刘志南

图示工作参与团队：A&N 尚源场域景观规划（中国）、A&N+（美国）、A&N 尚源景观（中国）

马迪菲

A&N 尚源场域景观规划创始人、美国注册景观设计师

哈佛大学设计学院毕业后，一直致力于城市公共空间规划及设计，以及社区生活模式、可持续性气候景观的理论研究与项目实践。在研究及实践中融合建筑、景观、规划的跨学科背景，强调城市空间与人、科技、生态、经济等社会要素在规划中的融合关系。

余淼

A&N 尚源场域景观规划创始人、美国注册景观设计师

拥有景观规划与设计的多元实践经验。获得哈佛大学设计学院景观硕士后，专注于生活圈、滨水空间、文旅小镇等方面的长期规划实践，致力于以景观系统逻辑为基础，通过创新模式开展城市空间规划与设计，注重城市特质的塑造与生活方式的营造，为城市社群生活带来启发与想象。

A&N 尚源场域景观规划

A&N 尚源场域景观规划是 A&N 尚源景观的子品牌。A&N 尚源景观自 2006 年成立以来，在国内外多地开设办公室，在全球各地拥有近 126 名员工，凭借全专业、全程化、全流程的服务，已成为极具综合实力及影响力的景观公司。A&N 尚源场域景观规划，负责在国际范围内开展景观规划、景观设计和城市设计领域的研究及实践，致力于探索如何用具有突破性的创意设计来解决城市问题，创造活力空间，营造绿色环境，并专注于开拓新的空间环境格局，研究引领未来的设计理念。